小學生學電腦

高小階段

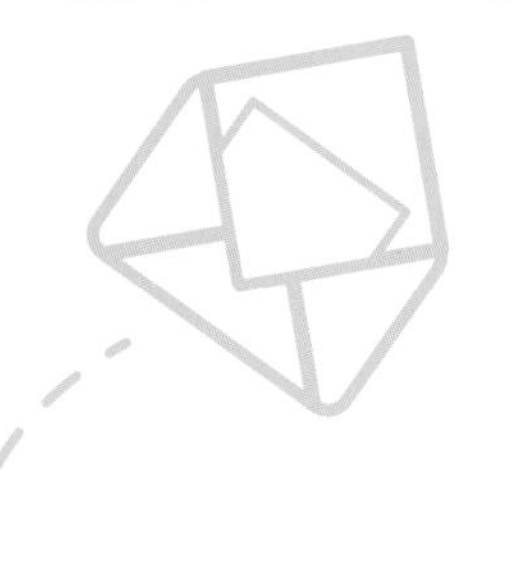

圖解自學加練習

編著 王曉影

小學四至六年級適用

配合教育局電腦認知單元課程

- 33 個練習、活動和測試
- 為升中電腦學習需要作準備
- Excel和 PowerPoint使用教學
- 進入互聯網世界、做專題研究
- 小小工程師：認識 AI及編程

目錄

Part 01
互聯網和
電子郵件

Target 1：瀏覽互聯網

01 互聯網像甚麼？

網絡之間的網絡

「互聯網」（Internet）是由世界各地數以千萬計電腦連接起來的超級網絡，也是能同時傳送文字、圖片、聲音、影像和程式的信息高速公路。

基本上，只要把兩部或以上的電腦連接起來就會形成「網絡」（network），而互聯網則由許許多多的電腦網絡組成，所以也稱為「網絡之間的網絡」（inter-network），「Internet」的名稱就是由此而來。

互聯網是覆蓋全球的網絡，當你把家中的電腦連上互聯網之後，你就成為網絡上的一個「終端」（terminal）。（如果你覺得「終端」這個名詞有點奇怪，把自己的電腦設想成蜘蛛網上的一隻蒼蠅好了。）這時候你就可以和網上其他的「蒼蠅」進行通訊和交流，不管對方是在世界的哪個角落，對你來説分別可能都不太大。

▲這是電腦網絡的一種：星形網絡。互聯網就是由這些網絡組成。

互聯網和電子郵件

上網做甚麼？

在今天這個資訊科技時代，學會漫遊高速的互聯網是無可避免的事。我們可以在網上找到很多資料，也可以和在遠方外國的朋友連繫，甚至把檔案文件傳送給他們。

▲香港公共圖書館網頁：https://www.hkpl.gov.hk/tc/index.html

以下這些事情都是電腦上網後可以做的：

1. 從成千上萬的渠道上下載檔案和資訊；
2. 查看大學和圖書館的檔案，並複製你感興趣的文章和照片；
3. 把遠在千里之外的人作為對手，一起玩電腦遊戲；
4. 可以寫信給香港立法會議員，或美國的總統；
5. 可以與遠隔千里之外、與你興趣相同的人對話，而不用付長途電話費；
6. 在網上購買商品；
7. 預訂任何地方的飛機票或旅館房間；
8. 軟件公司可以很快地通過網絡傳送給你產品幫助文件或者升級版本；
9. 學生們可以上網了解心儀的中學或大學裡的專業課程情況，找到符合你們興趣的最好學校，並很快地找到夢想中的那間學校是不是提供助學金或貸款等資料，甚至可以與全國各地已經進入該學校的人接觸與交談；
10. 當然還有更多……

02 互聯網和萬維網的由來

識更多

互聯網

1969 年開始建互聯網（Internet）時是專供美國國防部使用的，目的是把它建成一個靈活的、幾乎像幻影一樣的通訊系統，通過這個系統把美國國內各大學裡的電腦與各個國防研究中心的電腦連接在一起。設計時有意不為這個網絡設立中心站，以便萬一在核戰發生時該系統也不會因中心被毀而癱瘓。

隨着電腦的普及，互聯網也普及了。人們開始分享各種各樣的研究成果和資料，而不再僅僅只與國防有關了。從那時開始，互聯網就成為連接成千上萬網絡系統、電郵系統和萬維網站的主幹了。

萬維網

萬維網（World Wide Web，WWW）是互聯網的基本服務之一，萬維網內容以網頁的形式顯示。由於萬維網中的資訊採用同一種標準通訊協定（語言）傳送，而這種協定是跨平台的，所以無論使用哪種類型的電腦，都能看到萬維網上的內容。現在的萬維網不但能傳送多媒體網頁，也可以下載軟件、收發電郵和進行即時閒聊。這些優勢使萬維網迅速發展，幾乎成為互聯網的代名詞。

萬維網用戶都是使用瀏覽器（browser）來訪問網頁，第一套知名的瀏覽器是由伊利諾斯大學（University of Illinois）於 1993 年發佈的 Mosaic 瀏覽器。雖然，Mosaic 瀏覽器十分容易使用且可以免費下載，但後來還是逐漸為功能強大的瀏覽器如 Microsoft Internet Explorer 所取代。

時至今日，Windows 的預設瀏覽器 Internet Explorer 也被功能更強大的 Microsoft Edge 取代了，而且市場上還有很多免費的瀏覽器，功能和介面各有不同，能配合不同用家的使用習慣，只要進入官網下載並安裝便能立刻使用。

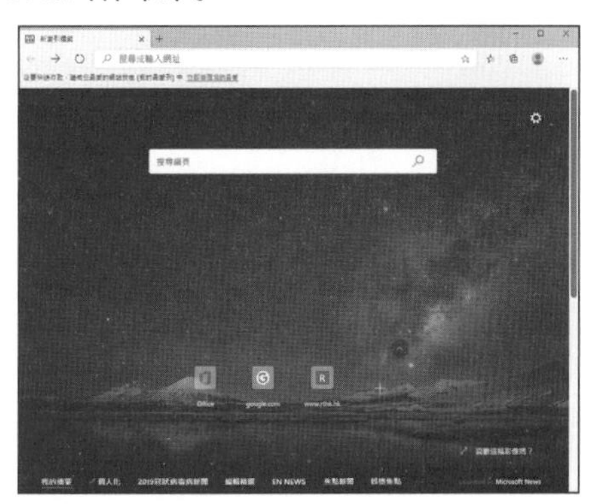

▶現時 Windows 的預設瀏覽器 Microsoft Edge。

03 認識瀏覽器

萬維網包括了全世界所有的網頁，所有上網的人都可以從萬維網上存取各種類型的資訊，包括文字、圖片、聲音和影像等等。Windows 已預先安裝了萬維網頁瀏覽器軟件 Microsoft Edge，要執行它可以按「開始」功能表尋找並點擊。

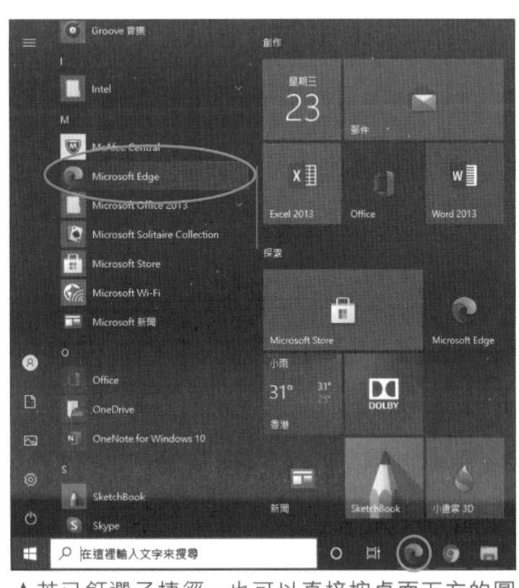

▲若已釘選了捷徑，也可以直接按桌面下方的圖示啟動。

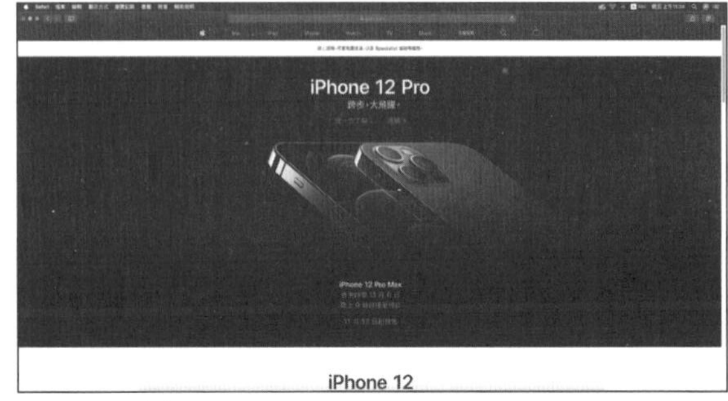

▲ Safari 瀏覽器。

▲ Firefox 瀏覽器。

熱門瀏覽器

Microsoft Edge	Google Chrome	Mozilla Fire-fox	Opera	Safari
Windows 的預設瀏覽器	由 Google 開發的免費網頁瀏覽器	原身為 Mosaic 瀏覽器	由 Opera 軟體推出的網頁瀏覽器	蘋果公司電腦 macOS 系統的預設瀏覽器

瀏覽器畫面簡介

瀏覽器的介面雖各有不同，最重要的功能卻大同小異。以下介紹 Microsoft Edge 畫面的主要部分和它們的功能，包括以下這些：

◄ Chrome 瀏覽器，看上去跟 Microsoft Edge 的介面分別不大。

Part 01 互聯網和電子郵件

04 瀏覽網頁探索資訊世界

我們無論要瀏覽甚麼網頁，都可以在「網址列」內輸入網頁地址。例如想尋找聖誕老人的蹤跡，可以輸入：「https://santatracker.google.com/intl/zh-HK/」，這也是常見的網址格式。

網頁是由超連結（Hyperlink）連接起來的，一個網頁可以包含很多超連結，每個超連結都連接到其他的網頁。當滑鼠移到超連結上的時候，滑鼠游標會變成手掌形狀。在超連結上按一下，便可以進入相連的網頁，用這個方法我們可以在互聯網上的資訊世界中不斷探索。

▲ Google 聖誕老人追蹤器網頁。

▲鼠標在超連結上會變成手掌。

練習 01

使用超連結

讓我們來試試怎樣瀏覽網頁：

1. 打開瀏覽器，輸入香港天文台的中文網址：https://www.hko.gov.hk/tc/index.html。

2. 將滑鼠在網頁上移動，看看滑鼠游標的變化，有沒有變成手掌狀的超連結。
3. 如果滑鼠游標變成手掌狀便單按一下，看看連結到甚麼網頁。

活動 02

瀏覽網頁探索互聯網

開啟瀏覽器並瀏覽以下網址：

1. 傳媒網頁：

   香港電台：https://www.rthk.hk/

   商業電台：http://www.881903.com/

2. 公共服務網頁：

   香港政府一站通：http://www.gov.hk/

   香港天文台：https://www.hko.gov.hk/

3. 影音圖片網頁：

   YouTube：https://www.youtube.com/

   Google 圖片搜尋：http://images.google.com.hk/

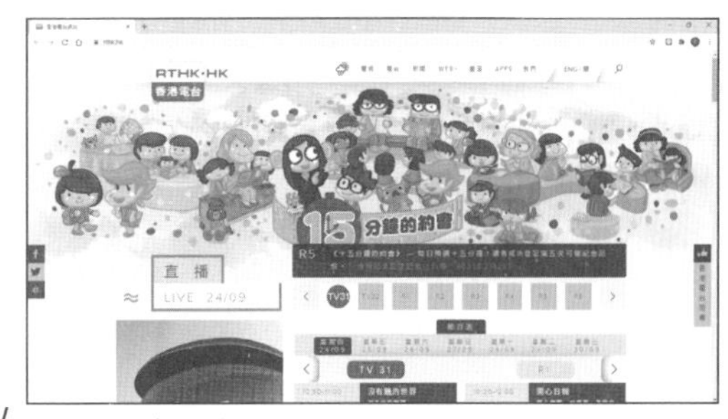

▲香港電台網站。

活動 03

設定「首頁」（HomePage）

第一次執行 Microsoft Edge 時會顯示微軟公司的網頁。我們可以自行設定啟動 Microsoft Edge 時要打開哪個網頁。

1. 打開「設定及其他」→「設定」。

2. 點入「啟動頁面」，選擇「開啟特定的一或多個頁面」。

3. 在「新增頁面」輸入每次啟動時想要打開的網站的網址。

用電子書簽記錄網址

我們看到有趣的網頁時，便會希望把它記下，將來再次瀏覽。要記下有用的網址，可使用「我的最愛」資料夾。這是類似「書籤」（Bookmark）的功能，用來儲存網頁地址。

1. 在連接開啟網頁後，選擇網址列的「我的最愛」。

2. 點開「更多」進入「編輯我的最愛」，我們可以更改這個項目的名稱及位置，之後按「儲存」就能紀錄該網址。

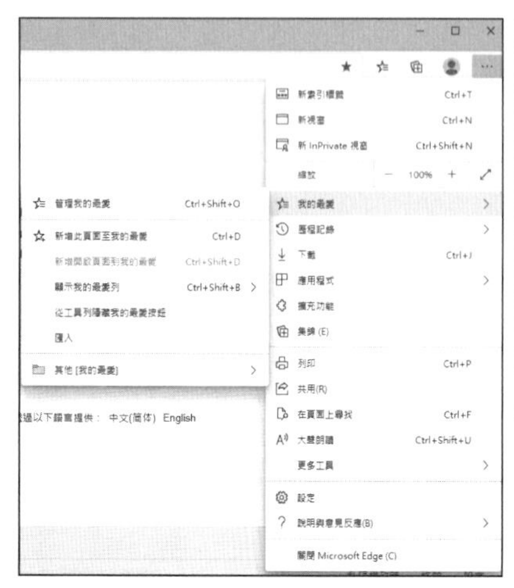

3. 下次想再瀏覽這個網頁時，便可在功能表的「我的最愛」下找到這個網頁的名稱，單按一下便可以打開網頁。

管理我的最愛

當我們加入了很多網址之後，「我的最愛」內便會有很多項目。按功能表的「我的最愛」→「管理我的最愛」便可以整理這些網址。你可建立新的資料夾分門別類儲存這些網址，只需把不同的網址資料拖曳進適當的資料夾內就可以。

練習 04

記錄網址

讓我們動手試試將網頁地址記錄到「我的最愛」資料夾。

1. 打開瀏覽器，輸入網址：http://hk.yahoo.com/，按鍵盤的「Enter」。
2. 待網頁完全顯示後，按功能表的「我的最愛」，再按「完成」鈕。
3. 關閉瀏覽器後再重新打開，從「我的最愛」功能表中選擇剛才建立的項目。

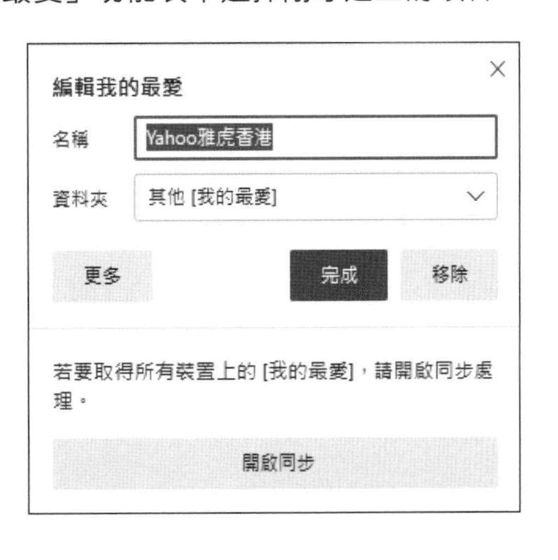

討論 05

正確使用互聯網

請到個人資料私隱專員公署網絡私隱的網址：https://www.pcpd.org.hk/besmartonline/ 瀏覽「『互聯網』相關的部分」，並和同學討論如何培養正確使用互聯網的態度。

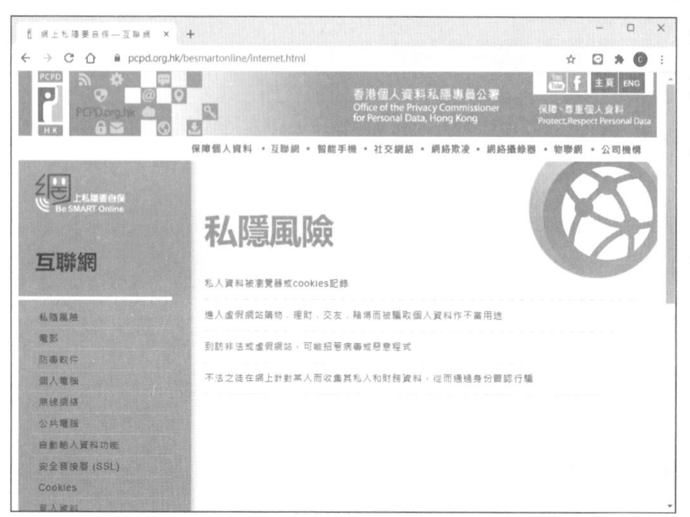

06 網絡服務應用——成為網站會員

現在的小學生除了課本練習外，上網做功課或練習也十分普遍。上網做練習的好處是可以即時知道對錯答案，也可以多媒體形式幫助學生理解，更可以有網上排名等互動功能，增加做練習的趣味和學習動機。

要瀏覽或使用網站某些服務，或許需要成為該網站的會員，學校如果有參加一些網上學習的計劃，同學就有機會獲發帳號和密碼，以登入該網站。以下以香港教育城 (https://www.hkedcity.net/) 為例，示範如何申請會員及登入網站。

申請帳號

1. 打開想申請帳號的網頁，尋找有「註冊會員」相關字樣的按鈕。

2. 一般註冊帳號需要提供一個可收發的電郵地址，填寫少量的個人資料，有時也要改一個登入帳號名稱。

3. 當成功加入之後，需要啟動帳戶，確認是本人的電郵。

4. 最後是為帳號建立密碼。這步驟有時候是在註冊帳號時進行的。

互聯網和電子郵件

登入帳號

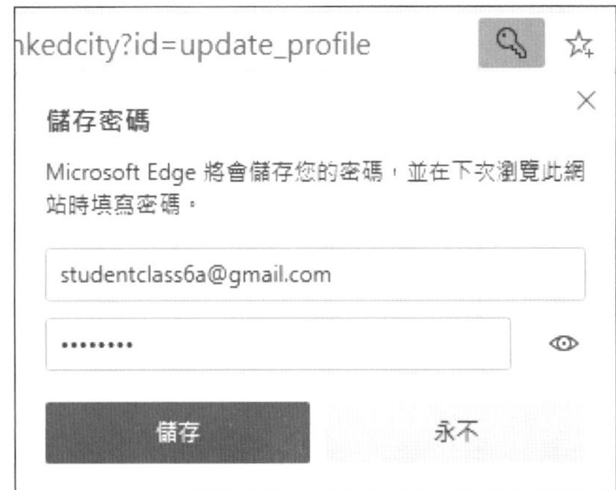

▲輸入登入資料。若是第一次登入，可能會彈出是否讓 Windows 記住密碼的視窗；若是在家中使用，可以讓 Windows 記住密碼，下次不用再輸入；而若是使用公眾電腦，就不宜選「儲存」，也不要勾選「保持登入」。

登出帳號

▲完成後應按「登出」離開。

自動填入登入資料

▲下次再登入時，由於瀏覽器有「自動填入」的功能，只需輸入第一個字母，就會自動顯示餘下的字母，你只需用滑鼠單按就可以全部輸入了，十分方便。

以上是使用很多網絡服務的常見步驟，多應用就很容易熟識。

Target 2：用互聯網做專題研究

07 用互聯網搜集資料的好處和問題

做專題研究可幫助學生深入了解事物，掌握課本以外的知識，也是一種有趣的學習方法。做專題研究的第一步多數是搜集有關該專題的資料，這點互聯網可以幫到你。

用互聯網搜集資料有以下好處：

1. 可搜集幾乎關於任何範疇的資訊；
2. 短時間內可以取得大量資料；
3. 網上取得的資料容易複製和分發；
4. 互聯網可提供即時最新的資訊；
5. 容易搜尋和以電腦整理取得的資料；
6. 可以提供不同類型和來源的資訊，以供參考比較。

但在互聯網上搜集的資料也有以下問題：

1. 很多資料出處不明，也並非完全準確；
2. 很多資料不是第一手而是重複的；
3. 取得的資料難以驗證其可信程度；
4. 可能會搜得太多無用的資料，要花大量時間篩選。

所以我們在網上搜集資料時要不斷思考和判斷可靠程度，多作分析、比較和驗證，才能應用在專題研究中。

互聯網和電子郵件

08 著名的網絡搜尋器

由於萬維網上的資訊繁多而且雜亂，要找到所需的內容或服務很不容易。所以在萬維網興起的同時，也出現了幫助用戶將網上資訊分類並提供搜尋器（search engine）功能的網站，方便網民在網上找資料，最著名的是雅虎（Yahoo）和谷歌（Google）網站。

▲雅虎網站：http://hk.yahoo.com/

▲ Google 網址：http://www.google.com/

Yahoo 和 Google 都可以搜尋文字、圖片和新聞，這裡以 Google 為例，簡介使用搜尋器的步驟：

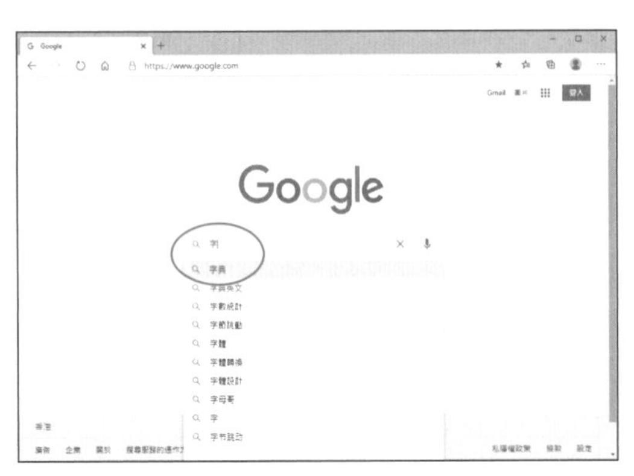

1. 進入 Google 網頁，若想找關於字典的資料，由於是熱門題目，只需輸入「字」就有相關的關鍵字，在其中再選取就可以了。

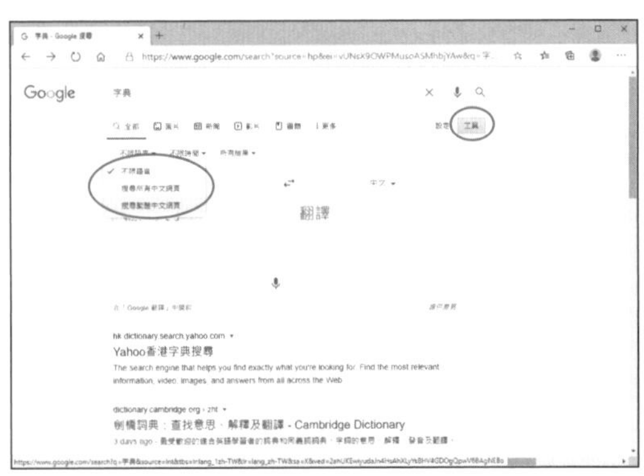

2. 若只需瀏覽繁體中文版的網頁，可在「工具」點選「繁體中文網頁」，就會只顯示繁體中文頁面。

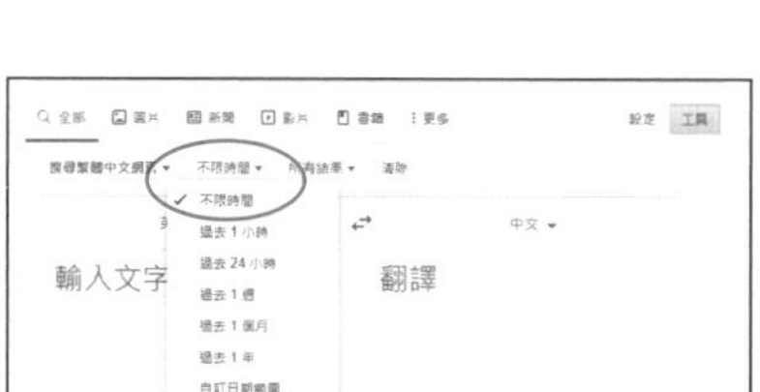
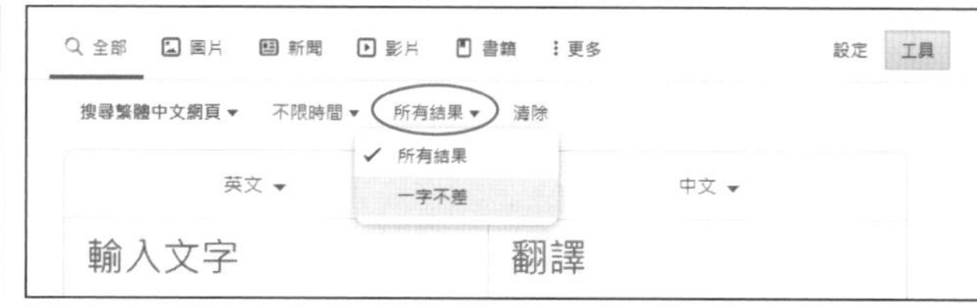

3. 除語言外，「工具」也能用來篩選搜尋範圍、網頁內容的發佈時間或關鍵字準確性，設立這些搜尋條件能使結果更符合需要。

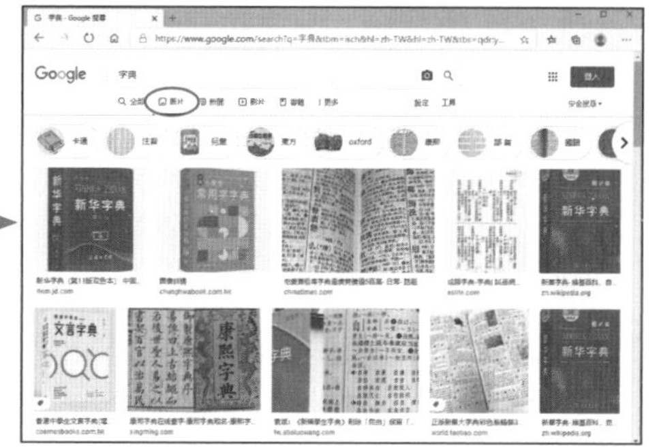

4. 我們亦可以用分類縮小搜尋範圍，例如按下「圖片」就能搜尋到不少關於「字典」的圖片。

09 儲存網上圖文資料

當我們瀏覽網頁的時候，會經常遇到有趣的圖片和有用的資料。如果把這些圖片或文字儲存起來，將來便可以再使用，也可以將這些圖片和文字傳送給朋友分享。

儲存網頁上的圖片

1. 當我們遇到有趣的網頁圖片要儲存時，可以用滑鼠右鍵在圖片上單按，再從功能表中選「另存影像」。

2. 選擇目的地資料夾並輸入檔案名稱。然後按鍵盤的「Enter」鍵完成儲存。

互聯網和電子郵件

複製網頁文字

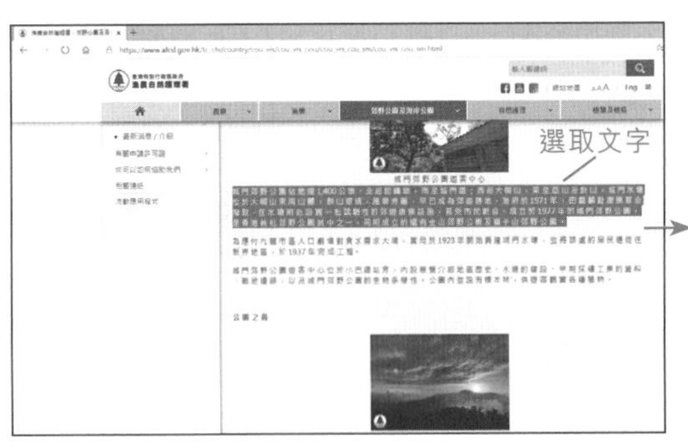

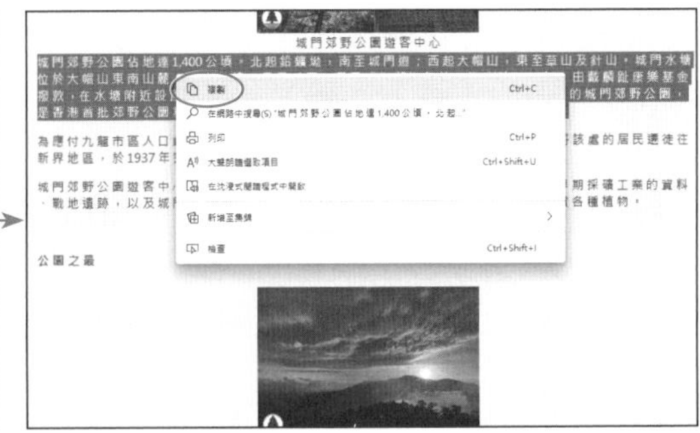

1. 如果想複製網頁文字，可以用滑鼠在網頁上以拖曳的方式選取需要的文字。

2. 按滑鼠右鍵並選取功能表的「複製」。

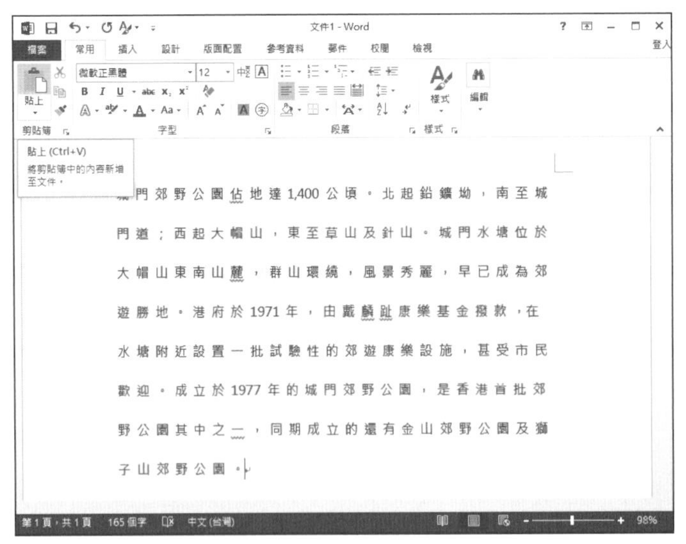

3. 可以在另一個軟件的文件內貼上，例如把文字貼在 MS Word 儲存起來，可按 MS Word 功能表的「編輯」→「貼上」就可以了。

練習 06

複製並儲存

1. 試試打開香港教育城的網頁：http://www.hkedcity.net/。
2. 在網頁複製任何一段文字。
3. 然後在 MS Word 內貼上並儲存成為檔案。

活動 07

網上問路

請用互聯網尋找從中環去沙田可以選搭的交通工具和大致路徑。

以下是一些搜尋的方法：

- 搜尋器
- 討論區
- 網上地圖
- 交通工具網站

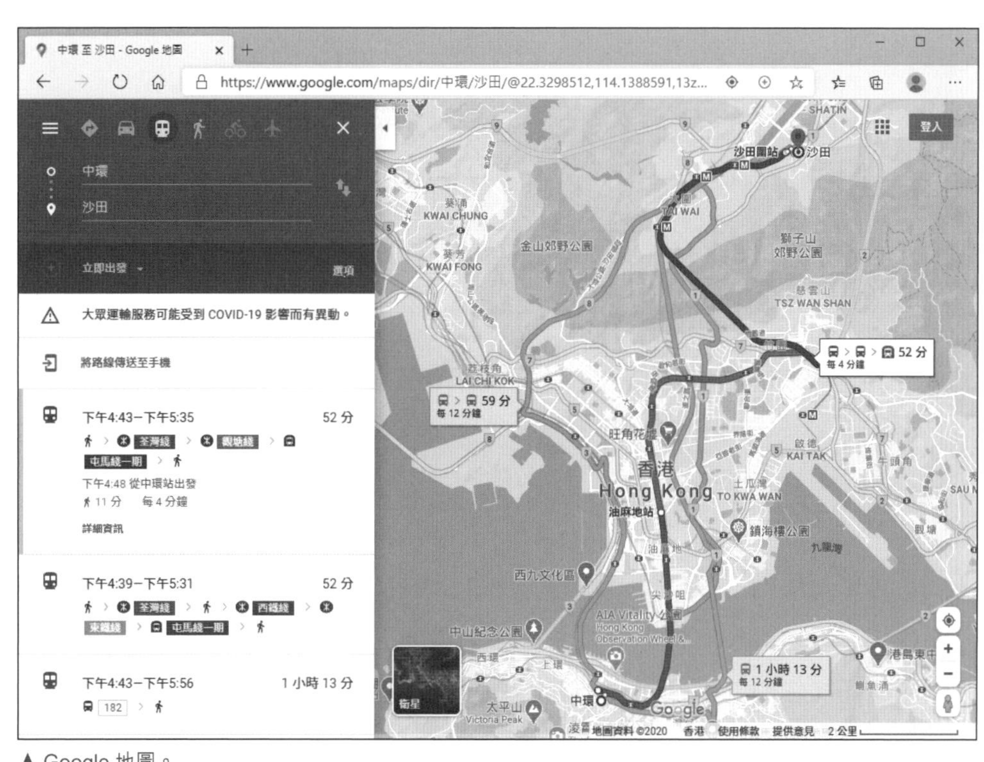

▲ Google 地圖。

Target 3：使用電子郵件

10 電子訊息是人類新的溝通方式

電子郵件（Electronic mail，email）是通過互聯網發送和接收的郵件，也是最基本的網絡服務。電子郵件可傳送文字、圖片或多媒體訊息及檔案，只要知道對方的電郵地址，無論對方身處世界的哪一個地方，都可以立刻傳送信件給他。

電子郵件就像是電子化的郵寄系統，我們按照收信人的電郵地址寄出郵件給他們，還可以將檔案附加到郵件內，把檔案一併傳送給對方。比起傳統靠郵局傳遞的信件，電子郵件有以下好處：

1.傳遞時間短：電郵可於瞬間收到。

2.可傳送多媒體檔案：除純文字外，電郵信件也可支援網頁格式，更可以附加任何格式的檔案，只是附件有大小限制。

3.方便儲存和管理：電子信件大都在電腦上閱讀和儲存，方便管理，也不用浪費大量紙張。

4.附加功能多：由於電郵收發方便，也可用來作為發佈消息甚至討論問題的途徑。

11 接收和閱讀電子郵件

我們可以使用網上的電子郵件服務，即被稱為「web-based」的免費電郵服務，如 Google 或 Yahoo 的電郵服務等；如果你的 MS Office 有安裝 Outlook 應用程式，也可以在 MS Outlook 上使用電子郵件服務。

電郵地址 (email address)

一個電郵地址一般由「域內部分」、「@」和「域名」三個部分組成，例子：

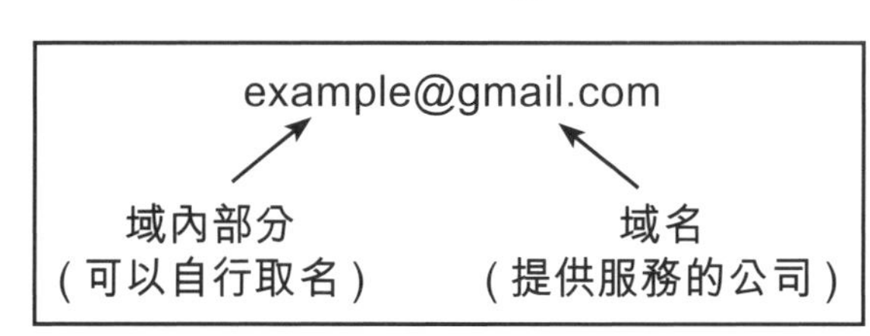

接收郵件

在收郵件之前，當然要先通知親友同學你的電郵地址，讓他們寄郵件給你。別人寄給你的電子郵件會先到達 ISP 或電郵網站的伺服器（server）中，然後你再從伺服器下載郵件。由於郵件伺服器一般都是 24 小時不停運作，所以你不用擔心有些電郵會收不到，而你當然也不需要每天 24 小時開着電腦等電郵。相反，你可在任何時候上網閱讀已收到的郵件及下載其附件。

以下以 Google 提供的郵件服務 Gmail 為例：

1. 在 Google 主頁按下「Gmail」進入電郵頁面。

2. 若未登入，要先在頁面鍵入帳號及密碼 (如曾在同一部電腦登入過，可以在列表中選擇自己的帳號)。如不清楚自己的密碼輸入正確與否，可以按旁邊眼睛圖案，顯示出密碼。

3. 如果有新郵件，單按新郵件標題便可以打開及閱讀內文。

互聯網和電子郵件

密碼和語言設定

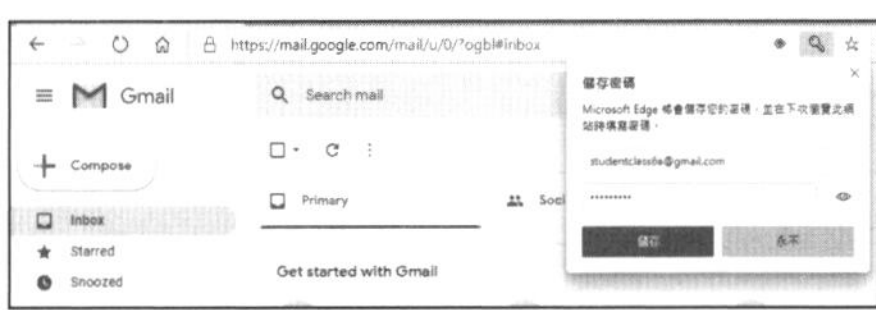

第一次登入後瀏覽器可能會詢問是否要把帳號及密碼儲存起來，如果並不是家中的電腦，謹記要選擇「永不」，以保障私隱。

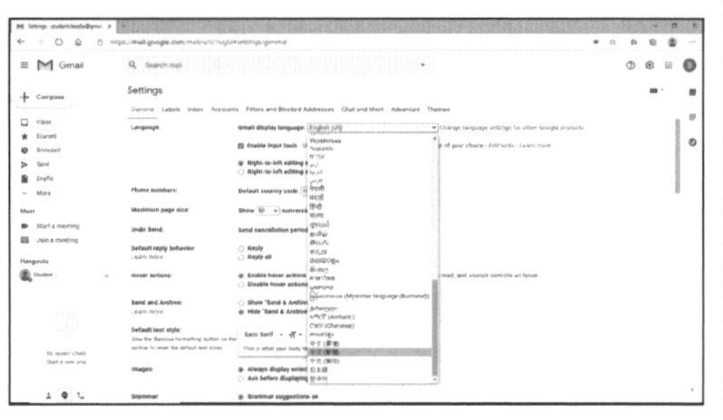

打開電郵頁面後，發現介面是英文，如何改為繁體中文呢？在電郵頁面中尋找設定 (Setting) 按鈕，然後進入「See all settings(查看所有設定)」，便可以在「Language：Gmail display language (語言：「Gmail」顯示語言)」中選擇「中文 (繁體)」，然後按「Save changes」便能儲存變更。

家長欄

申請電郵戶口

網上電郵服務在使用前要先登記，以取得一個電郵戶口和電郵地址，家長可以事先為孩子申請一個電郵戶口。申請電郵地址和其他帳號的過程相近，最好讓孩子參與其中，嘗試為自己建立一個新的電郵地址，印象會更深刻。

1. 以 Google 為例，可以在主頁按下「Gmail」進入電郵頁面。

2. 選擇「建立個人帳戶」。

3. 建立「使用者名稱」及密碼。一定要緊記密碼！

如果名稱已經有別人使用，可以試試加上數字或改變文字組合，直到成為一個獨一無二的帳號。

4. 為了保護孩子，Google 有一個服務是讓家長監察 13 歲以下子女的電郵帳號，留意有沒有異常的郵件或帳號活動。

▲家長帳號的一些權限。

5. 完成後家長的帳號會收到通知。

12 寫信和回信

發出郵件

1. 若要回覆郵件，可直接按「回覆」鈕。若要編寫新的電子郵件，可以按「撰寫」鈕。

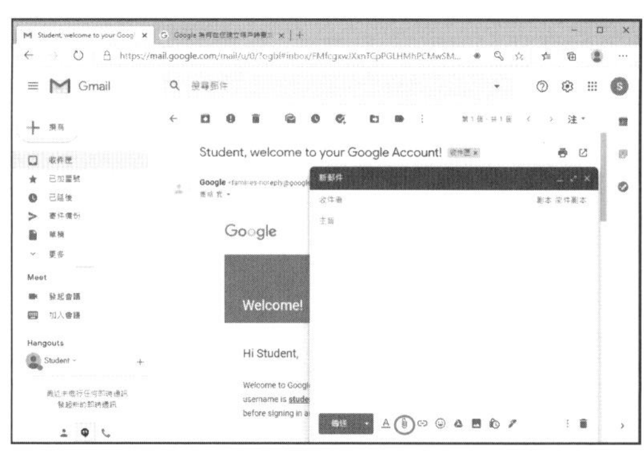

2. 電郵頁面會出現「新郵件」視窗，在「收件者」欄位輸入收信人的電郵地址。在「主旨」欄位輸入郵件的主題。在主旨之下的空白區域內輸入郵件內容。

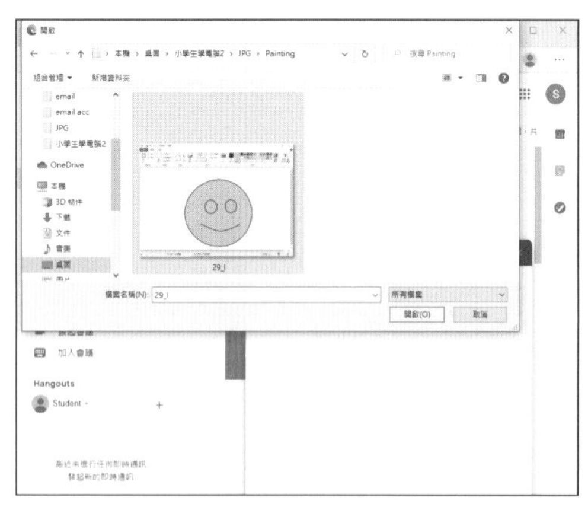

▲如果想附加檔案傳送給收件人，可按「附加檔案」鈕，然後選擇檔案。

3. 寫好郵件的內容後，按「傳送」鈕便會發出電子郵件。如果想檢視曾寄出的郵件，可以留意「寄件備份」。

練習 08

寄信和收信

1. 現在試寄一封電子郵件給同學或父母。
2. 發出電子郵件的第二天，試試接收郵件，看看有沒有收到回覆。

小測09

綜合網絡服務

Google(https://www.google.com/) 是一個綜合網絡服務網站，除了電郵和搜尋器外，也能連結到其他服務，例如是新聞、網誌、視頻、地圖等等，不妨使用 Google 探索一下吧！

在 Google 嘗試做以下的事：

- 開啟「Youtube」，並觀賞一個視頻
- 瀏覽新聞，並找到該新聞由哪個媒體發佈
- 使用「Google 翻譯」查找一個英文生字
- 使用「Google 地圖」找出由家裏去學校的交通方法

13 使用視像通話軟件

除了電郵通訊，視像通話軟件也能為用戶提供語音和畫面雙向即時通訊，無論身在哪裏，只要有網絡，都能使用有視像鏡頭的電腦聯絡他人開視像會議，或是參加網上課程，參與的人數甚至可多達 250 人。

現時有不少視像通話軟件，除少數商業使用的需要付費外，大部分個人會議都是免費的，只要收到通訊連結，或是申請帳號及加入聊天群組就能使用。

部分可以進行視像通話的軟件

Whatsapp	Line	Google Meet	Zoom	FaceTime	Facebook Messenger	Skype
	LINE					

活動 10

進行視像通話的守則

網絡世界雖然為人們的生活帶來不少方便，但同時衍生出不少的個人私隱及安全問題，視像通話亦涉及風險，必須小心防範。同學們，試為進行視像通話制訂一份安全守則吧！

日期：__________

進行視像通話的守則

1. ____________________
2. ____________________
3. ____________________
4. ____________________
5. ____________________
6. ____________________
7. ____________________
8. ____________________
9. ____________________

這樣做就可以更好地保障自己和他人的私隱和安全了。

活動 11

嘗試視像通話

現時不少免費的視像通話軟件應用都非常簡單，以 Google Meet 為例，其前身為 Google 的通訊軟件，不需要在電腦下載後才能使用，透過 Gmail 內的捷徑就能開啟。

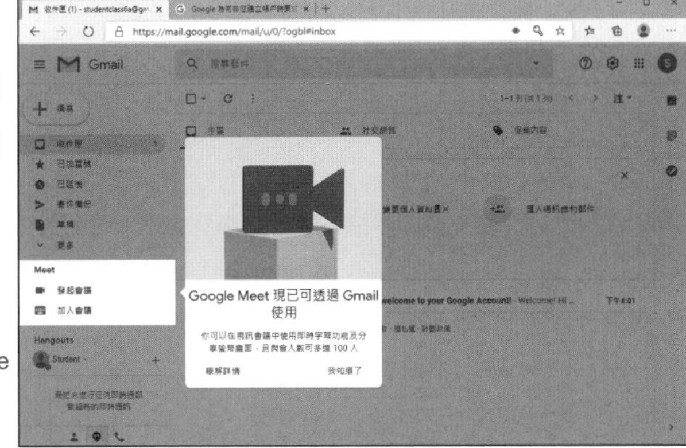

► Google Meet

在香港不少的實時網上課程都是用 Zoom 進行，以下了解一下相關操作：

下載 Zoom

如果已經收到會議連結的話，可以在預定日期開啟連結，自動下載 Zoom 後會直接加入會議。

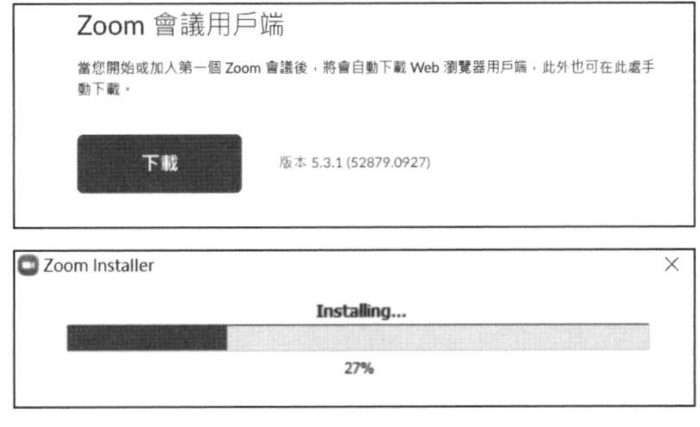

自行下載也相當簡單，只要在官方網頁 (zoom.us) 下載客戶端軟件及安裝即可。

互聯網和電子郵件

登入 / 註冊帳號

1. 使用 Zoom 登入並不是必須，不過申請帳號也不困難，也能使用 Google 或 Facebook 帳號登入。

2.Zoom 會發確認電郵，啟動帳號後，設定生日日期、姓名及密碼後就能使用。

3. 註冊了的好處是可以自己主持一場會議。

主持會議

1. 開啟會議後就會自動成為會議主持人，可以邀請他人參加或控制會議的語音等。

2. 也可以直接使用會議編號、連結邀請對方加入會議。

3. 被邀請的人需要得到主持人的同意才能加入會議。

使用 Zoom 時的畫面說明

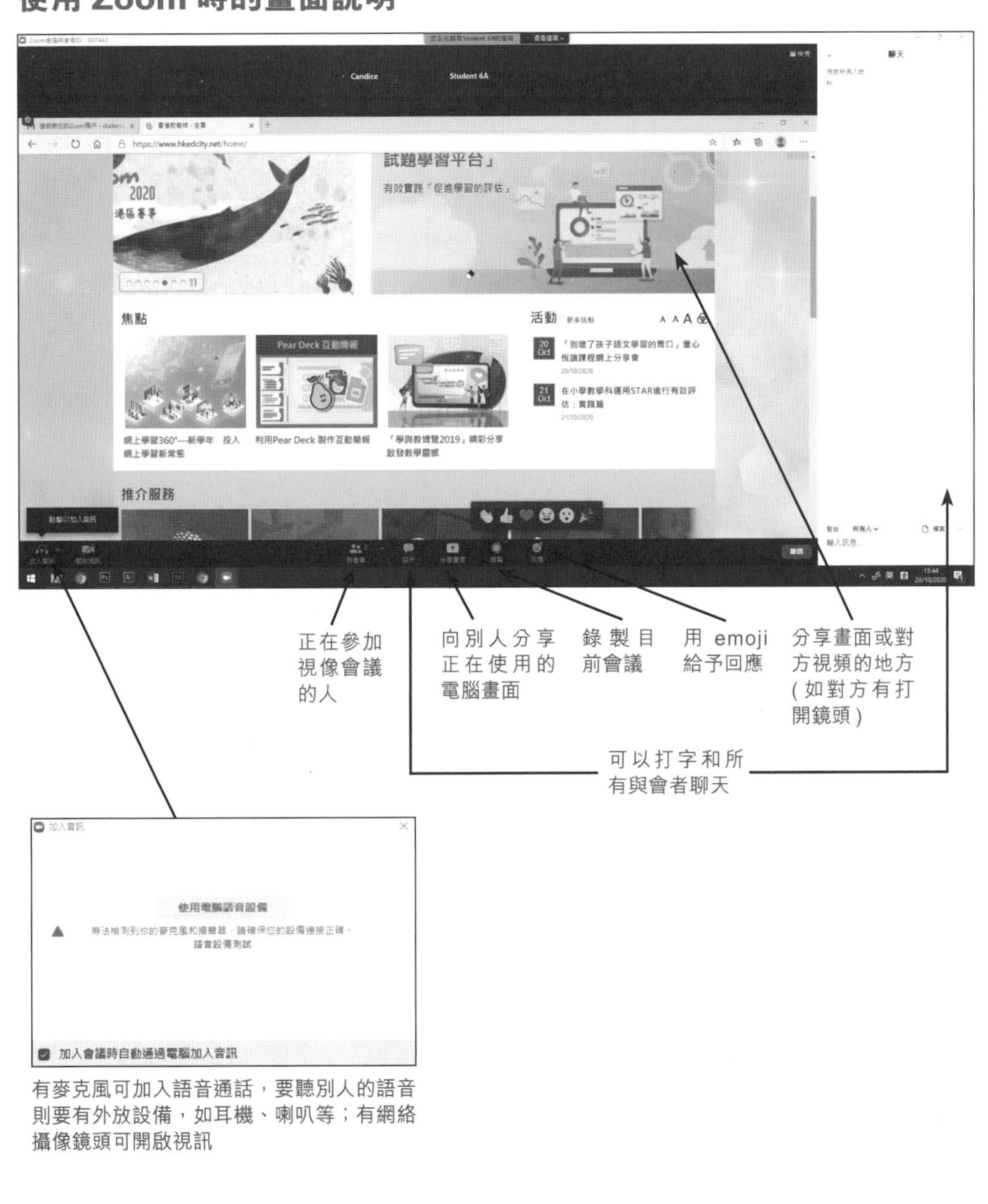

有麥克風可加入語音通話，要聽別人的語音則要有外放設備，如耳機、喇叭等；有網絡攝像鏡頭可開啟視訊

Part 02
Excel 試算表和
PowerPoint
簡報應用入門

Target 4：以電子表格表達數據資料

14 日常生活中的試算表應用

試算表（Spreadsheet）有如一本大型的活頁簿（Workbook），內含多張工作表（Worksheet）。工作表由許多的欄和列相交組成，基本單位是「儲存格」，我們的資料，無論是數值或文字，就是儲存在儲存格內。

試算表軟件可以用來處理數值和文字資料。除了基本的運算功能外，它還能提供分析及列印、製作統計圖表（Graph）、管理資料庫（Database）等等功能。MS Excel 是十分普及的試算表軟件。

日常生活中有哪些是我們經常會使用的電子表格功能呢？舉例說，爸爸媽媽可以把每次去超級市場購物的資料，包括每樣產品和價格，都一一記錄下來。如此便可以做一些統計，包括哪些產品購買得比較多，價格是否有升降等等。

活動 12

搜集日常生活中應用試算表的例子

除了以上提及的應用外，大家試想想日常生活中還有沒有其他可以使用 Ms Excel 的機會。

MS Excel 提供了不少範本讓用家能更簡便地使用，比如用 Excel 圖表製作行事曆、課程表、家庭預算表等，不妨打開 Excel 參考一下吧！

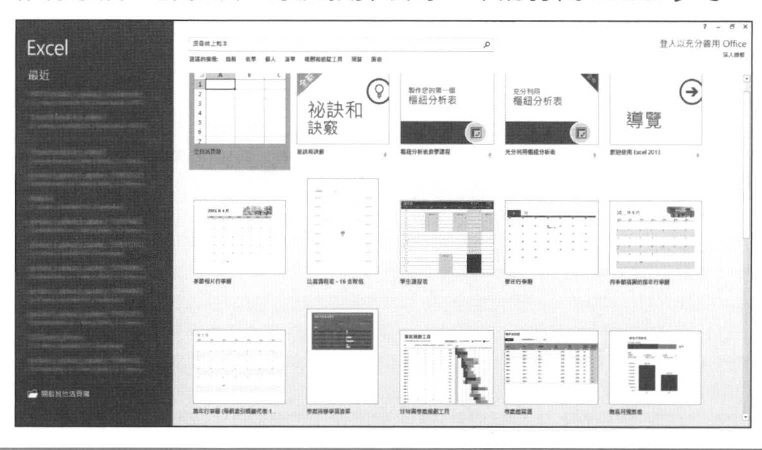

15 在 Excel 儲存格中輸入文字和數據

要開啟 Ms Excel，可選按「開始」功能表→「Microsoft Office」→「Excel」。這裡介紹 Excel 畫面和各個按鈕功能。

認識 MS Excel 的畫面和功能

儲存格位置：已選定的儲存格位置的名字。

被選儲存格：可輸入或編輯儲存格內容。

選單：這裡按種類排列軟件的各項功能。

工具列：這都是常用功能的按鈕，方便我們操作。

標題列：橫向的由 A 開始排列。

插入函數。

儲存格內容。

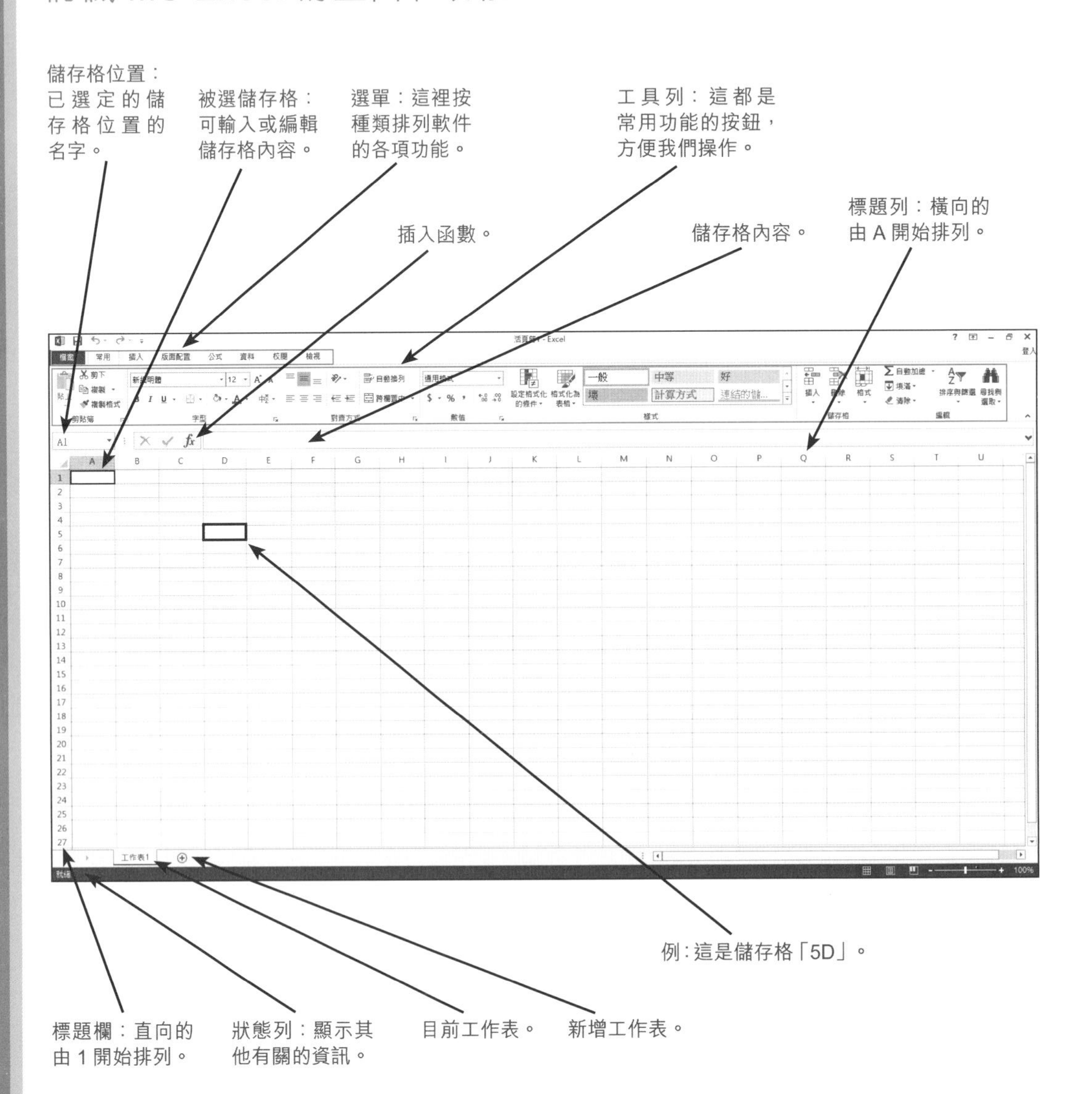

例：這是儲存格「5D」。

標題欄：直向的由 1 開始排列。

狀態列：顯示其他有關的資訊。

目前工作表。

新增工作表。

工具列上常用按鈕的功能

設定文字位置在儲存格的上中下。

自動換列 讓特別長的文字自動換行，以多行顯示在儲存格內。

跨欄置中(C) 將選定的多個儲存格合併成一個大儲存格並把內容置中。

合併同列儲存格(A) 將選定的多個同列儲存格合併成一個同列的大儲存格。

合併儲存格(M) 將選定的多個儲存格合併成一個大儲存格。

取消合併儲存格(U) 已合併的儲存格重新分割為多個儲存格。

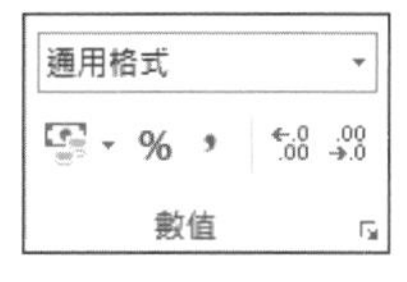

數值欄用以設定儲存格內數字的格式。

通用格式 無特定的格式
數值
貨幣符號
會計專用
簡短日期
詳細日期
時間
百分比
分數
科學符號
文字
其他數值格式(M)...

按「通用格式」右側的三角形，可以將儲存格內數字的格式設定為貨幣、百分比、小數、日期、電話號碼或科學符號。

◀可以按「其他數值格式」查看所有可用的數值格式，當中「通用格式」是 Excel 套用的預設數位格式。

設定格式化的條件
HK$ 中文 (香港特別行政區)
$ 中文 (台灣)
£ 英文 (英國)
€ Euro (€ 123)
¥ 中文 (中國)
CHF 法文 (瑞士)
其他會計格式(M)...

設定不同的貨幣格式。

% 格式為百分比。　　增加小數位位數。

, 為數字加上千分位。　　減少小數位位數。

可以插入新的儲存格、欄、列和工作表。

可以刪除新的儲存格、欄、列和工作表。

可以變更欄高和列寬等工作表的設定。

Σ 自動加總 可快速計算，例如是總計或平均。

填滿 以數列或複製等方式填滿已選取的儲存格。

清除 移除儲存格的格式或內容。

練習 13

製作表格記錄一星期的天氣情況

我們之前提過，可以應用 Ms Excel 軟件做一些購物消費的統計。其實大家也可以嘗試用 Ms Excel 來記錄每天的天氣情況，從統計資料中可以學習分析天氣情況的改變。

大家來試試動手做一份如圖所示記錄每日氣溫、濕度、空氣污染指數的統計資料。

	A	B	C	D	E	F	G
1			溫度	濕度	空氣污染指數		
2		星期日	20	78	90		
3		星期一	22	72	87		
4		星期二	19	85	96		
5		星期三	23	82	92		
6		星期四	25	72	85		
7		星期五	21	79	90		
8		星期六	18	86	81		
9							
10							
11							
12							

Target 5：用 Excel 進行運算

16 用 Excel 幫你做數學題

使用 Ms Excel 軟件，我們可以輕易地進行簡單的運算，例如常用的求出加數總和、計算一些數字的平均數等等。

計算加數

現在讓我們試試做加數求出總和的數值。

	A	B	C	D	E	F
1			溫度	濕度	空氣污染指數	
2		星期日	20	78	90	
3		星期一	22	72	87	
4		星期二	19	85	96	
5		星期三	23	82	92	
6		星期四	25	72	85	
7		星期五	21	79	90	
8		星期六	18	86	81	
9						
10		總和				
11		平均數				

1. 以「練習 13」完成了的資料表格為例子，先選取要填寫總和的儲存格。

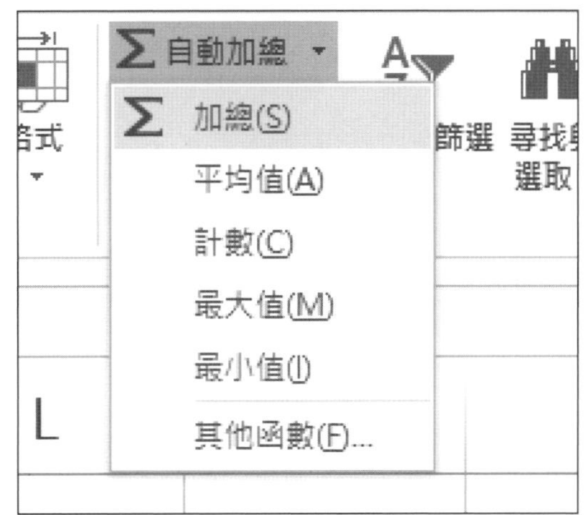

2. 把滑鼠鼠標移至「自動加總」按鈕，選「加總」功能然後按下。

C8 =SUM(C2:C8)

	A	B	C	D	E	F
1			溫度	濕度	空氣污染指數	
2		星期日	20	78	90	
3		星期一	22	72	87	
4		星期二	19	85	96	
5		星期三	23	82	92	
6		星期四	25	72	85	
7		星期五	21	79	90	
8		星期六	18	86	81	
9						
10		總和	=SUM(C2:C8)			
11		平均數				

3. 利用滑鼠選取要計算總和的儲存格。

C10 =SUM(C2:C8)

	A	B	C	D	E	F
1			溫度	濕度	空氣污染指數	
2		星期日	20	78	90	
3		星期一	22	72	87	
4		星期二	19	85	96	
5		星期三	23	82	92	
6		星期四	25	72	85	
7		星期五	21	79	90	
8		星期六	18	86	81	
9						
10		總和	148			
11		平均數				

4. 按下「Enter」後儲存格便會顯示出總和數值。

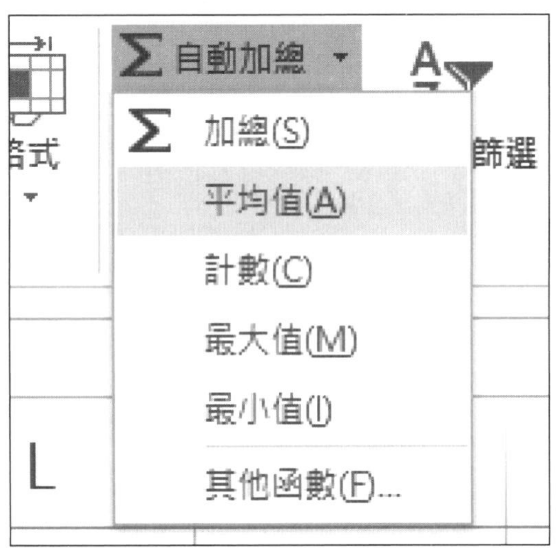

C8 =AVERAGE(C2:C8)

	A	B	C	D	E	F
1			溫度	濕度	空氣污染指數	
2		星期日	20	78	90	
3		星期一	22	72	87	
4		星期二	19	85	96	
5		星期三	23	82	92	
6		星期四	25	72	85	
7		星期五	21	79	90	
8		星期六	18	86	81	
9						
10		總和	148			
11		平均數	=AVERAGE(C2:C8)			
12						

這個按鈕也可用來計算平均數和最小、最大數值等。

練習 14

在一星期的天氣數據中顯示總和及平均數

好了，現在就試試計算記下的天氣數據的總和及平均數。

=AVERAGE(C2:C8)

A	B	C	D	E	F
		溫度	濕度	空氣污染指數	
	星期日	20	78	90	
	星期一	22	72	87	
	星期二	19	85	96	
	星期三	23	82	92	
	星期四	25	72	85	
	星期五	21	79	90	
	星期六	18	86	81	
	總和	148			
	平均數	21.14286			

 簡單的 Excel 公式運算 

我們也可以使用 Ms Excel 軟件做一些數學公式的運算。首先我們要學會數學上的加、減、乘、除在 Ms Excel 軟件如何表達：

加：+　　減：-　　乘：*　　除：/

在輸入數字時，要在第一個數字加上「+」，以區別出是文字的「6」，還是數字的「6」。

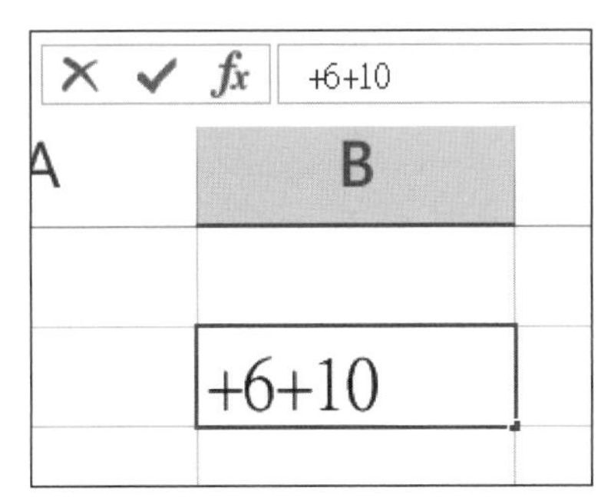

1. 舉例如計算 6+10，便要在儲存格輸入「+6+10」。

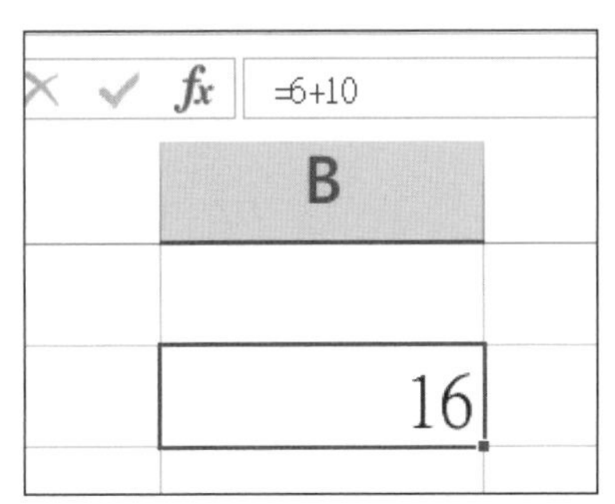

2. 按 Enter 後，便可以得出答案 16。

練習 15

用 Excel 計算以下算式

(1) 32 + 19 = ____________　　(2) 22 - 15 = ____________

(3) 17×6 = ____________　　(4) 63÷7 = ____________

(5) 51 + 71 = ____________　　(6) 9 × 13 = ____________

活動 16

用 Excel 製作乘數表

現在請和同學或老師討論一下，看看怎樣才可以用 Excel 製作出一個 9x9 的乘數表。

	A	B	C	D	E	F	G	H	I	J	K
1			1	2	3	4	5	6	7	8	9
2		1	1	2	3	4	5	6	7	8	9
3		2	2	4	6	8	10	12	14	16	18
4		3	3	6	9	12	15	18	21	24	27
5		4	4	8	12	16	20	24	28	32	36
6		5	5	10	15	20	25	30	35	40	45
7		6	6	12	18	24	30	36	42	48	54
8		7	7	14	21	28	35	42	49	56	63
9		8	8	16	24	32	40	48	56	64	72
10		9	9	18	27	36	45	54	63	72	81
11											

練習 17

在一星期的天氣數據中顯示最高、最低、合計及平均數值

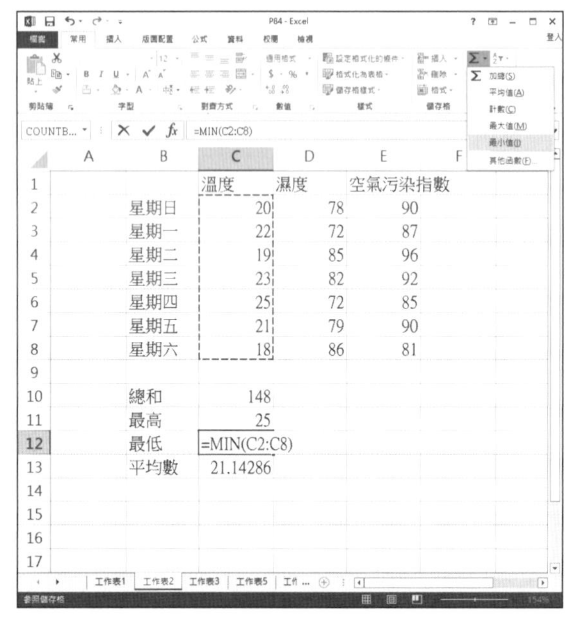

	A	B	C	D	E
1			溫度	濕度	空氣污染指數
2		星期日	20	78	90
3		星期一	22	72	87
4		星期二	19	85	96
5		星期三	23	82	92
6		星期四	25	72	85
7		星期五	21	79	90
8		星期六	18	86	81
9					
10		總和	148		
11		最高	25		
12		最低	=MIN(C2:C8)		
13		平均數	21.14286		

利用我們之前學過的「自動加總」按鈕，試試在一星期的天氣數據中顯示最高、最低、合計及平均數值。

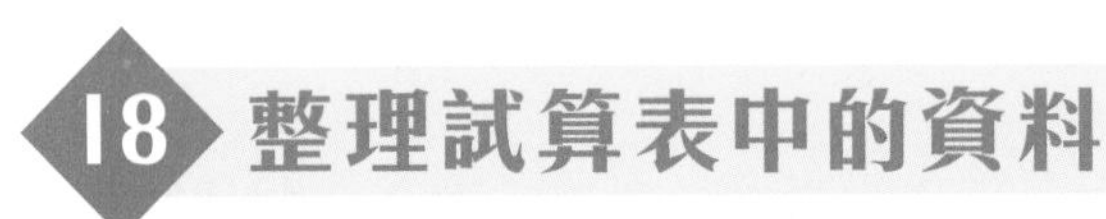

18 整理試算表中的資料

我們也可應用 Ms Excel 來對一系列的數值進行排序和篩選等工作，方便對數據資料進行分析。

排序

舉例如我們想把天氣數據資料由高至低排列，步驟如下：

	溫度
星期日	20
星期一	22
星期二	19
星期三	23
星期四	25
星期五	21
星期六	18

1. 要將數值資料進行排列，要先用滑鼠選取需排列的資料。

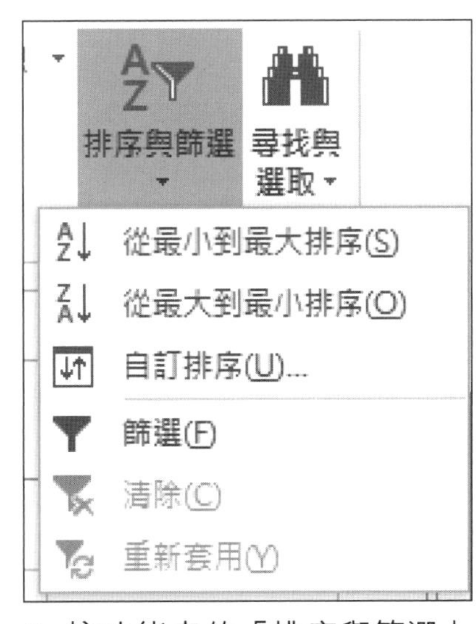

2. 按功能表的「排序與篩選」→「自訂排序」。

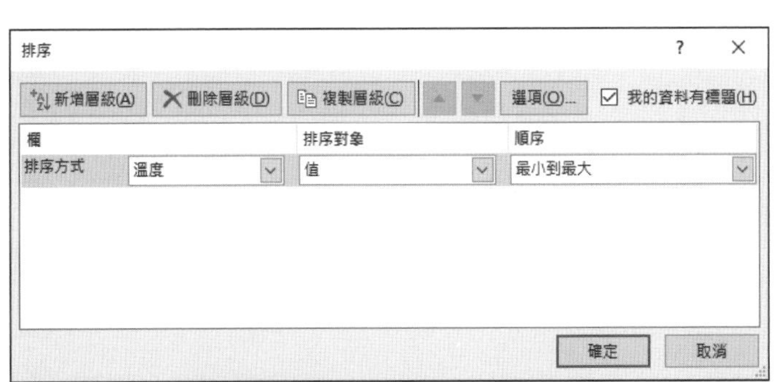

3. Ms Excel 會自動以第一行作為「標題列」，在這裡選擇順序排列，之後按「確定」鈕。

	A	B	C
1			
2			溫度
3		星期六	18
4		星期二	19
5		星期日	20
6		星期五	21
7		星期一	22
8		星期三	23
9		星期四	25

4. 軟件便會替數值進行所需的排序。

篩選

如果我們想從眾多的數值資料當中，選取出需要的數據，可以使用「篩選」功能。

	A	B	C	D	E
1					
2			溫度	濕度	空氣污染指數
3		星期一	22	78	90
4		星期二	19	72	87
5		星期三	23	85	96
6		星期四	25	82	92
7		星期五	21	72	85
8		星期六	18	79	90
9		星期日	20	86	81
10					

1. 用滑鼠選取需進行分類的資料。

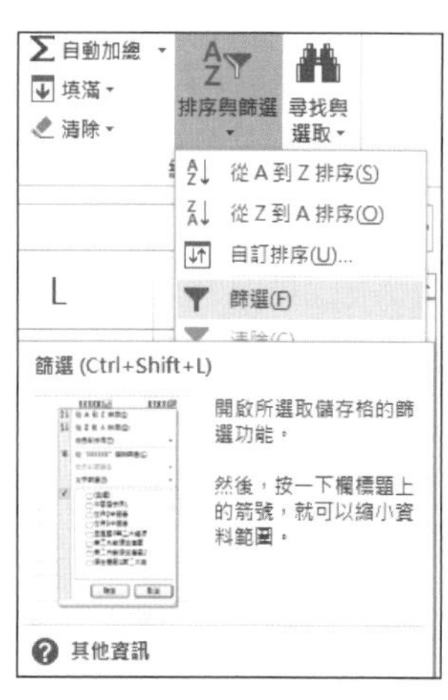

2. 按功能表的「排序與篩選」→「篩選」。

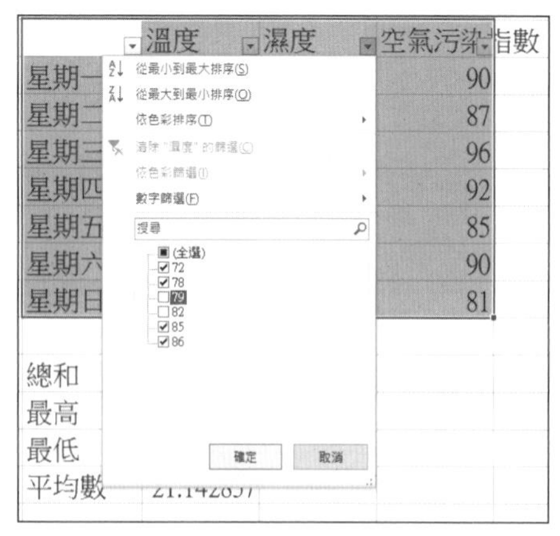

3. Ms Excel 會自動將資料的第一行列作為「標題列」，按右邊的向下三角按鈕，可選擇要顯示的數值。

	A	B	C	D	E	F
1						
2			溫度	濕度	空氣污染指數	
3		星期一	22	78	90	
4		星期二	19	72	87	
5		星期三	23	85	96	
7		星期五	21	72	85	
9		星期日	20	86	81	
10						
11		總和	148			
12		最高	25			
13		最低	18			
14		平均數	21.142857			
15						

4. 軟件便會分析及只顯示和我們選定的數值有關的資料。

小測18

用 Excel 做運算

1. 54 ＋ 32 ＝ __________　　2. 43 － 19 ＝ __________

3. 24×8 ＝ __________　　4. 64÷4 ＝ __________

5. 求出這些數值：23, 12, 54, 33, 76, 48 的

a) 最大值：__________　　b) 最小值：__________

c) 平均值：__________　　d) 總和：__________

活動 19

用 Excel 做調查統計

Excel 的篩選功能非常適合做數據統計，試設計一份問卷收集一些數據，例如是邀請同學對零食的喜好評分，或是為班衫的設計進行投票等。

例子：

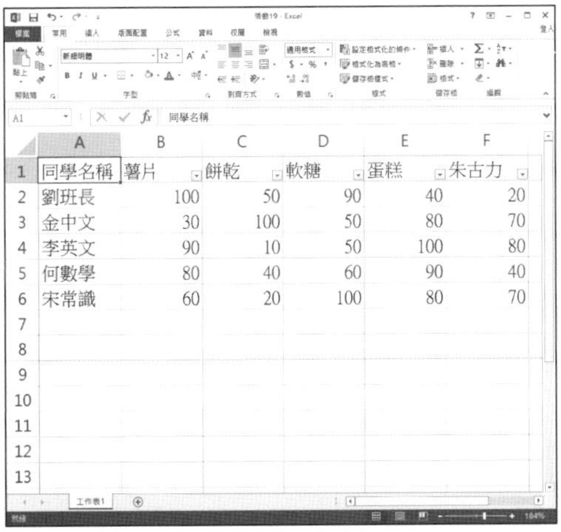

同學名稱	薯片	餅乾	軟糖	蛋糕	朱古力
劉班長	100	50	90	40	20
金中文	30	100	50	80	70
李英文	90	10	50	100	80
何數學	80	40	60	90	40
宋常識	60	20	100	80	70

1. 先輸入同學對零食的喜好評分並選擇「篩選」功能。

2. 試用「篩選」功能找出哪幾位比較喜歡該零食。

Excel 試算表和 PowerPoint 簡報應用入門

Target 6：用 PowerPoint 做專題簡報

19 初識 PowerPoint

Ms PowerPoint 是一個簡報程式，可用來製作投影片簡報，並提供製作一份專業簡報的所有功能，包括文字格式處理、大綱、繪圖和圖表等等。在做專題研究時，PowerPoint 會是學生報告研究結果時的好幫手。

Ms PowerPoint 的主畫面包括以下部分：

選單：這裡按種類排列軟件的各項功能。

工具列：這都是常用功能的按鈕，方便我們操作。

投影片面板：設計投影片內容的工作面板。

「大綱」顯示模式

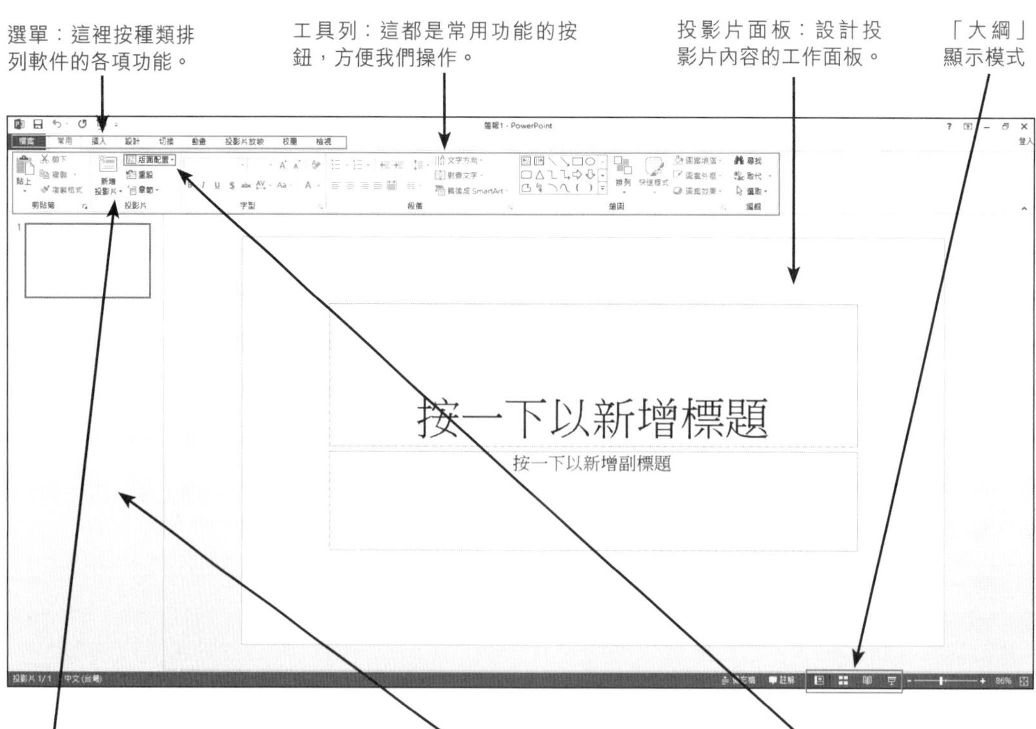

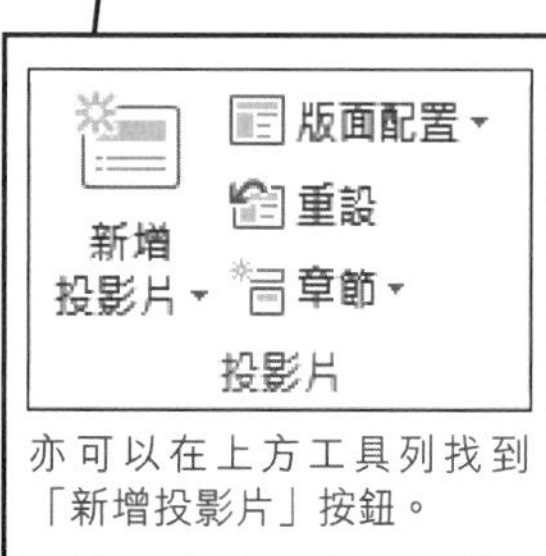

亦可以在上方工具列找到「新增投影片」按鈕。

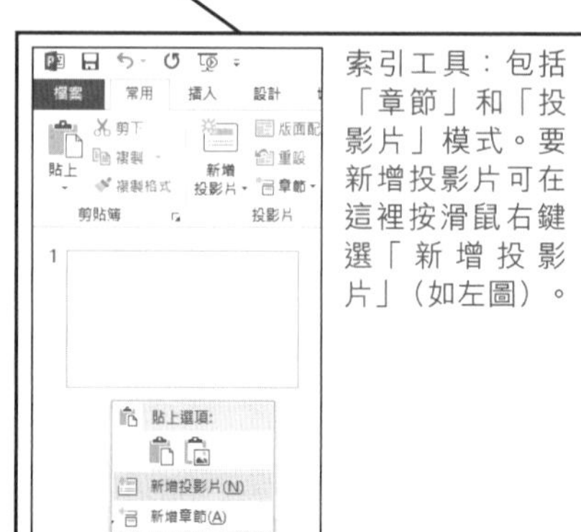

索引工具：包括「章節」和「投影片」模式。要新增投影片可在這裡按滑鼠右鍵選「新增投影片」（如左圖）。

其中「版面配置」快捷鍵用於選擇不同的佈景主題。

「大綱」顯示模式

在此模式下畫面最底的位置，有瀏覽及播放幻燈片的按鈕。由左至右的是「標準模式」、「投影片瀏覽模式」、「閱讀檢視模式」和「投影片放映」。按「投影片放映」可由目前的投影片開始播放。

20 製作第一張投影片

要使用PowerPoint製作投影片，可以這樣做：

1. 按一下在面板的「按一下以新增標題」的位置，便可以輸入標題文字。

2. 再按「按一下以新增副標題」的位置來輸入副標題文字。

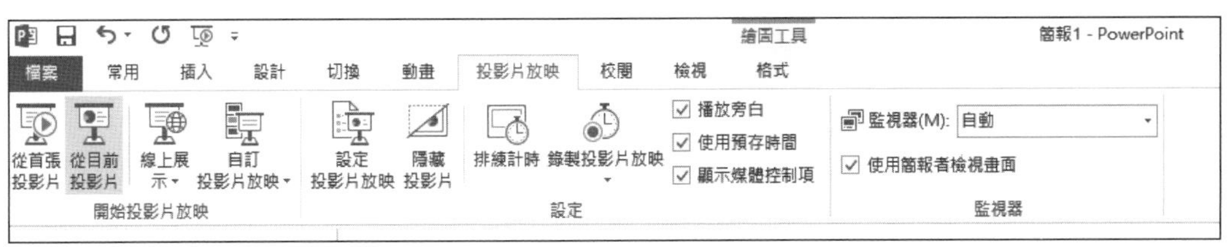

3. 按「選單」的「投影片放映」→「從目前投影片」來看看效果。

4. 恭喜你！第一張投影片這樣便完成了。

21 文字、圖片和背景

設定文字

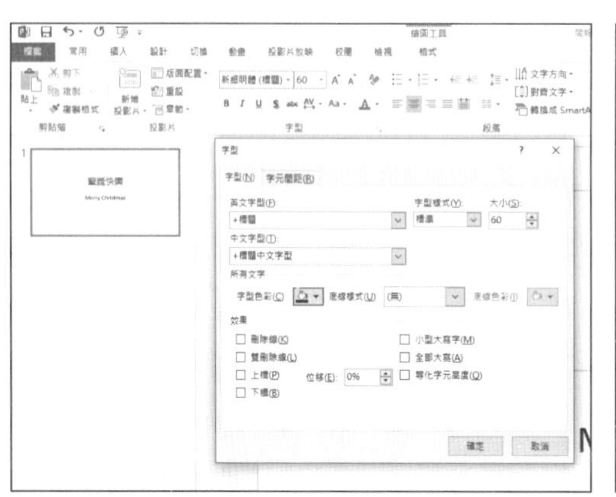

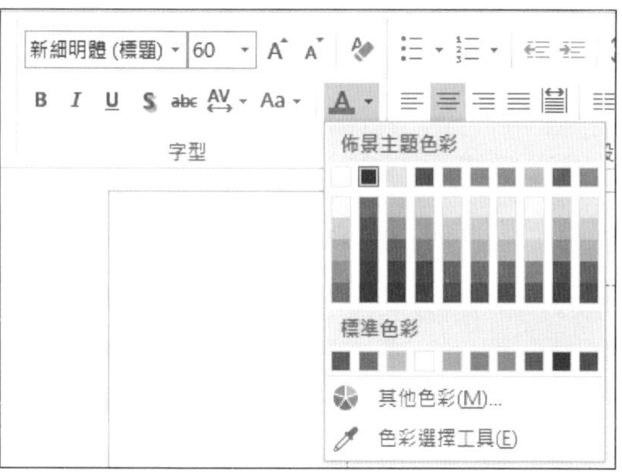

1. 要設定文字顏色，可在「選單」選「格式」→「字型」或按工具列的文字色彩按鈕。

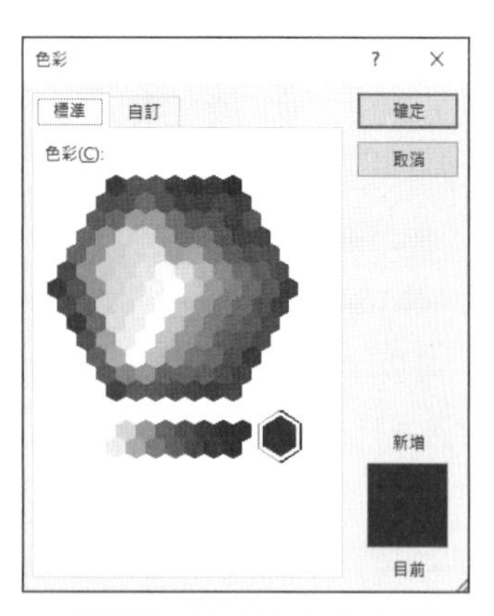

2. 如按下「其他色彩」鈕，可以選擇更多不同色彩。

3. 設定完文字字型、字體大小、顏色等等之後，便可按「選單」的「投影片放映」→「播放」來看看效果。

設定圖片

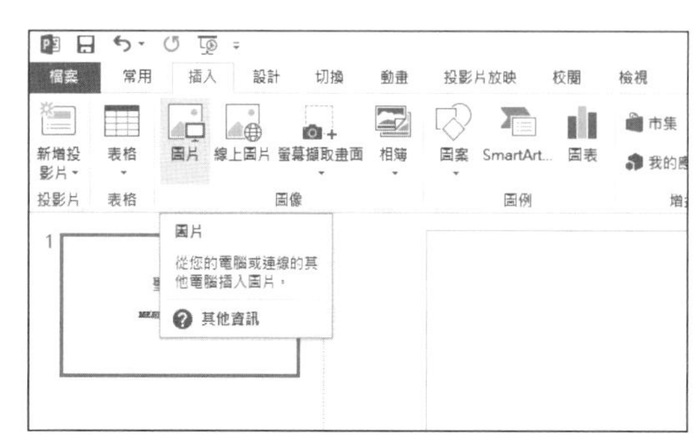

1. 要加入自己用小畫家畫出來的圖片，可在「選單」選「插入」→「圖片」。

2. 找到需要加入的圖片檔案後雙按該檔案名。

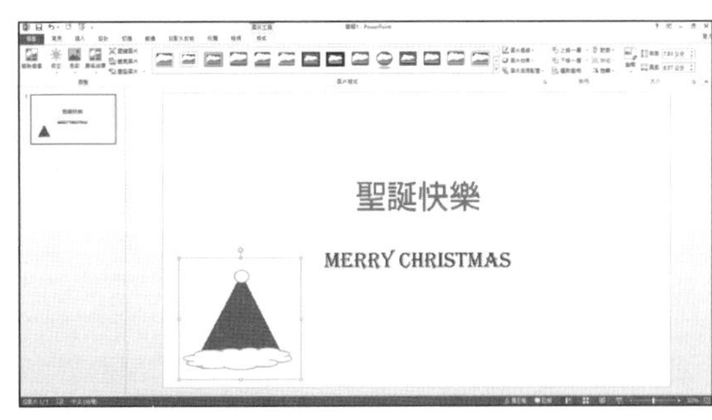

3. 在投影片面板用滑鼠拖曳圖片位置，也可以放大縮小圖片的大小。

設定背景

1. 如要把所加入的圖片設為背景，可在選取圖片後，按滑鼠右鍵，在「選單」選「順序」→「移到最下層」。

2. 選取的圖片便會放置在最下層，令在上層的文字和其他圖片顯現出來。

3. 如果只是想設定投影片的背景顏色，則可以在「選單」選「設計」→「背景格式」。在「填滿」的下方選擇背景的顏色、材質，便可直接改變目前投影片的背景。

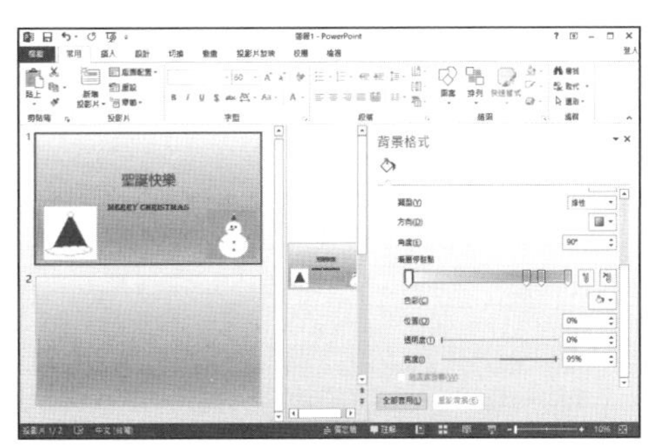

4. 按下「全部套用」，整個投影片都會使用同一個背景。

22 表格、結構圖和多媒體

建立表格

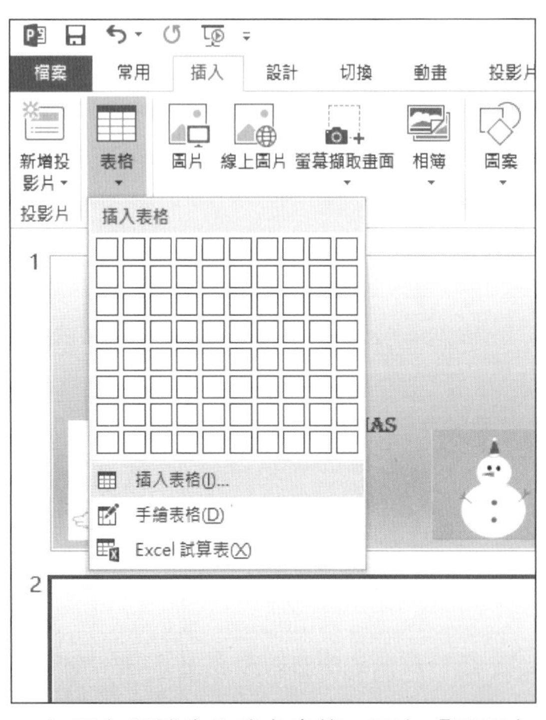

1. 如要在幻燈片內建立表格，可在「選單」選「插入」→「表格」。

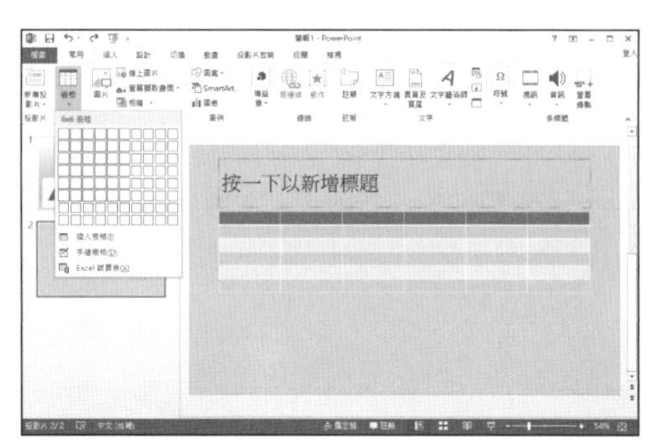

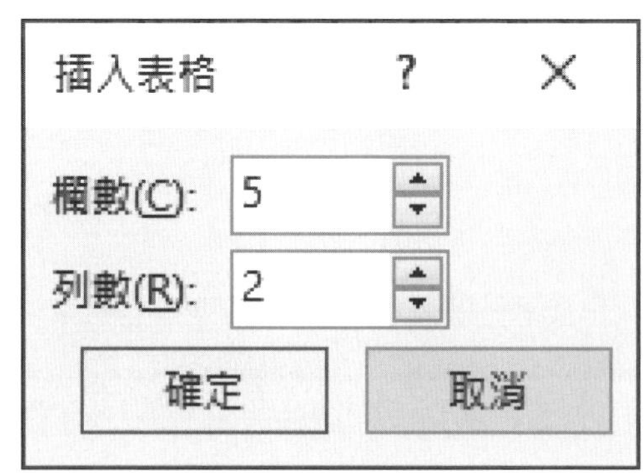

2. 輸入表格需要列及欄的數目，或直接拖曳所需欄數和列數。

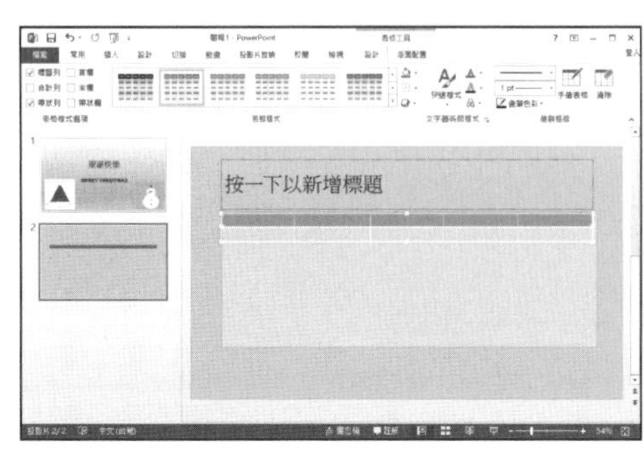

3. 可以用滑鼠拖曳出表格的大小。

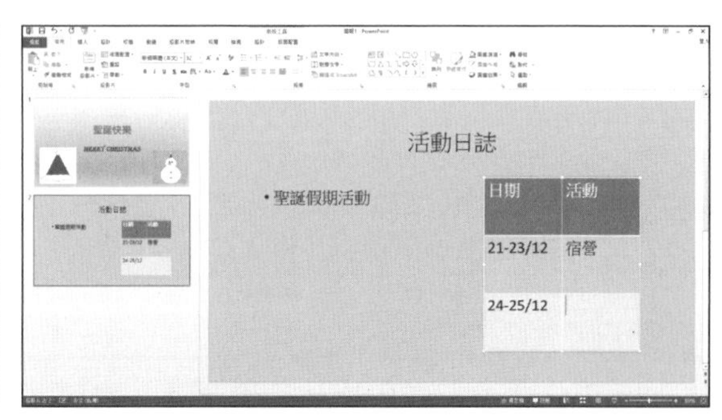

4. 在表格內可輸入文字內容。

建立結構圖

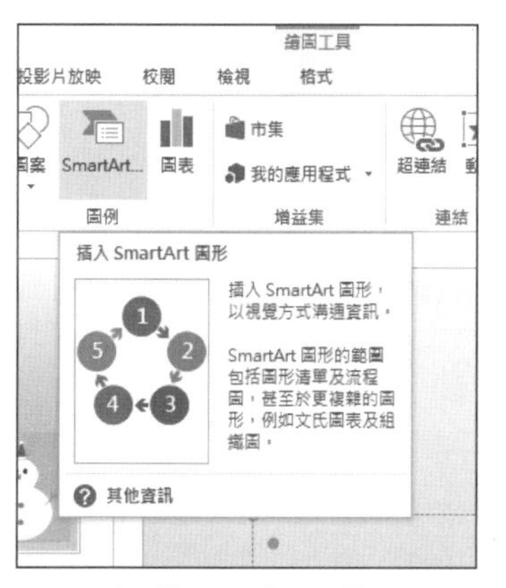

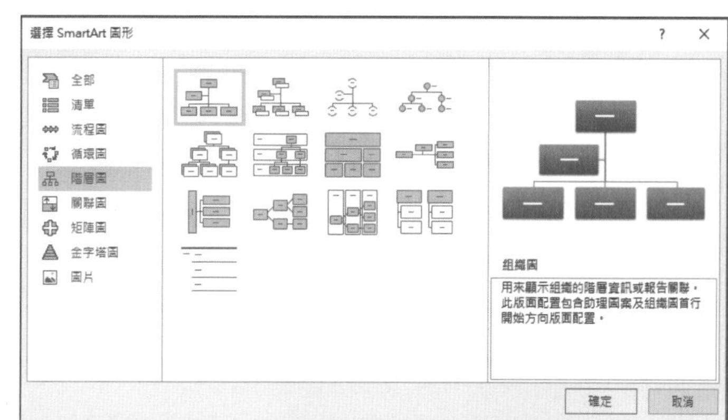

1. 可在「選單」選「插入」→「圖片」→「組織圖」。

2. Ms PowerPoint 會顯示預設的組織圖設計。

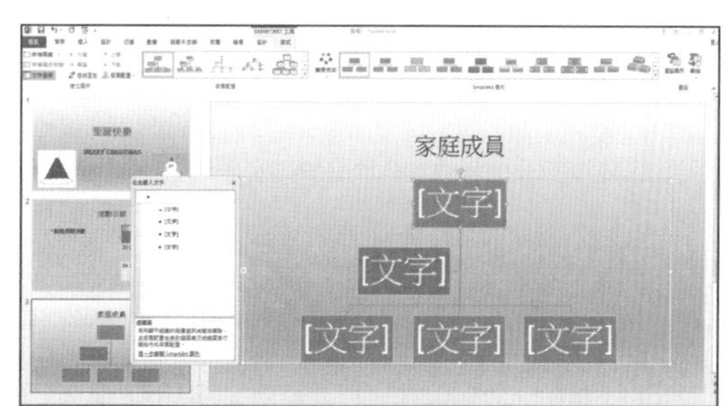

3. 如有需要，可用滑鼠修改結構圖的內容和大小。

4. 可在組織圖內輸入所需的文字內容。

加入多媒體檔案

我們也可以在 Ms PowerPoint 內輸入影片和音效檔案。

1. 要輸入影片和音效檔案，可先在預計插入的地方按一下，再在「選單」選「插入」→「影片及聲音」→「從檔案插入影片」或「插入」→「視訊」/「音訊」。

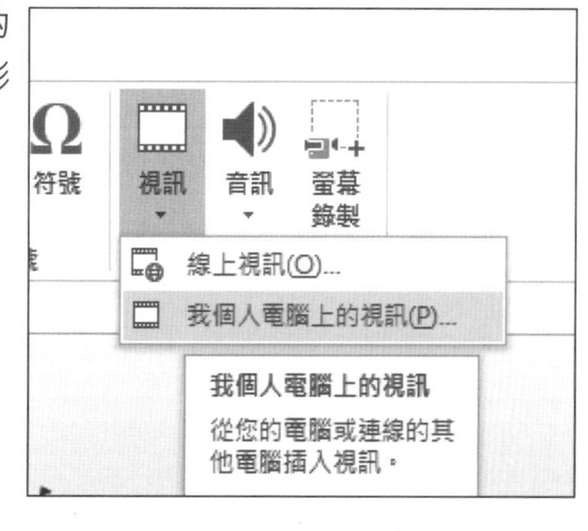

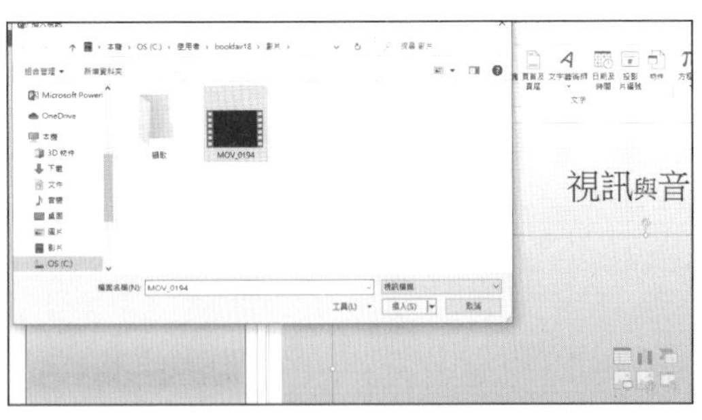

2. 用滑鼠選取要插入的視訊和音效檔案。

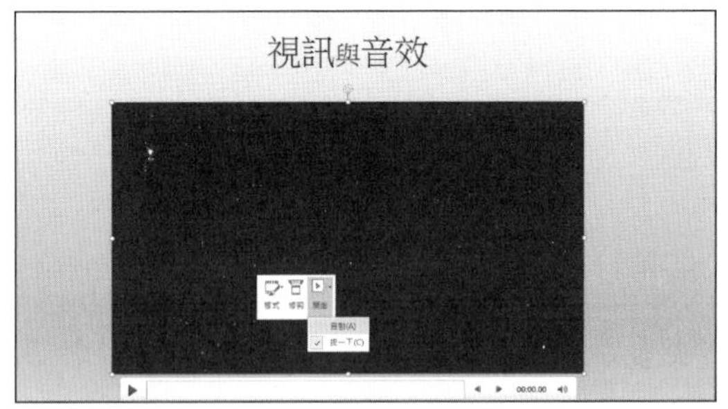

3. 插入後，可按右鍵設定播放的方式是自動播放還是手動播放。

23 播放投影片的技巧

在播放投影片的方式方面，Ms PowerPoint 容許我們彈性地設置不同投影片各自的播放方式。

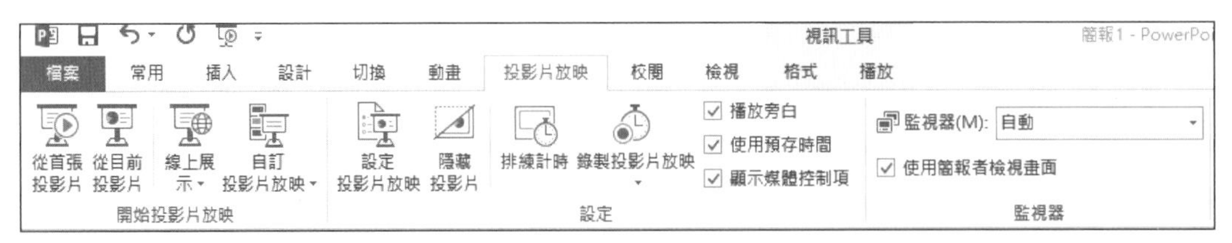

1. 在「選單」選「投影片放映」→「設定放映方式」。

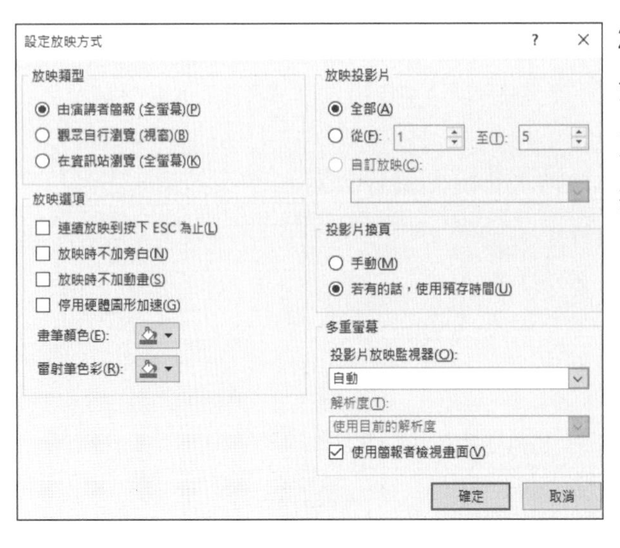

2. 可在「放映類型」設置播放方式；「放映選項」可選為連續播放；及「放映投影片」選擇要播放的投影片編號等各個設定項目。

　　儲存完成的 Ms PowerPoint 檔案方面，也可以選擇儲存成「簡報」(pptx) 或「播放」檔案 (ppsx)。

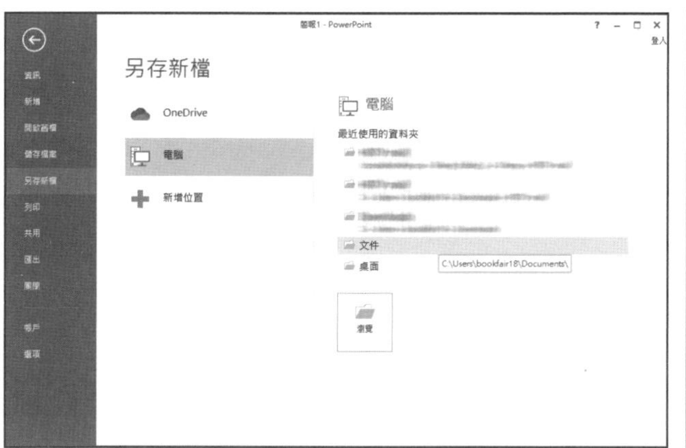

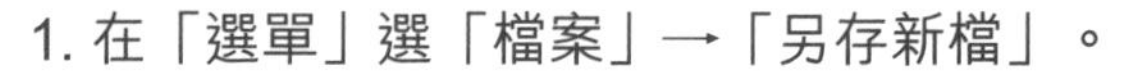

1. 在「選單」選「檔案」→「另存新檔」。

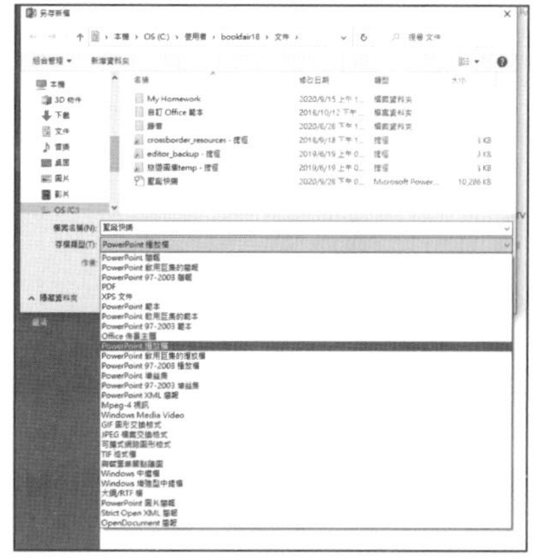

2. 在「檔案類型」選項選擇儲存成「PowerPoint 播放檔」（ppsx），它的好處是無需啟動 Ms PowerPoint 軟件也能播放投影片。

練習 20

製作假期節目專題投影片

　　小朋友在節日假期如農曆新年、聖誕假期時，可能會參與各種節目活動，何不試試以 Ms PowerPoint 軟件製作成投影片，內容可記錄到過的地方，甚至包括相片、錄音或視訊檔案，和同學朋友分享。

Target 7：製作各種圖表

24 以不同形式表達數據的好處

製作圖表即是以圖形來顯示數據資料，令數據資料可以更容易掌握，一目了然。例如各數值的比例、升降的趨勢等等，都可以很容易便能明白，無需花時間將數值資料逐一比較。

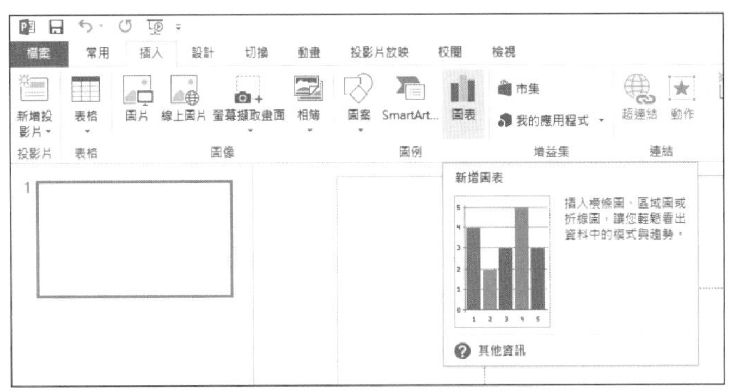

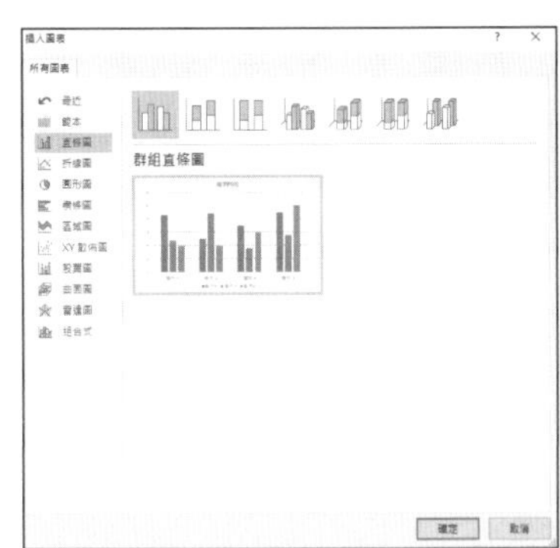

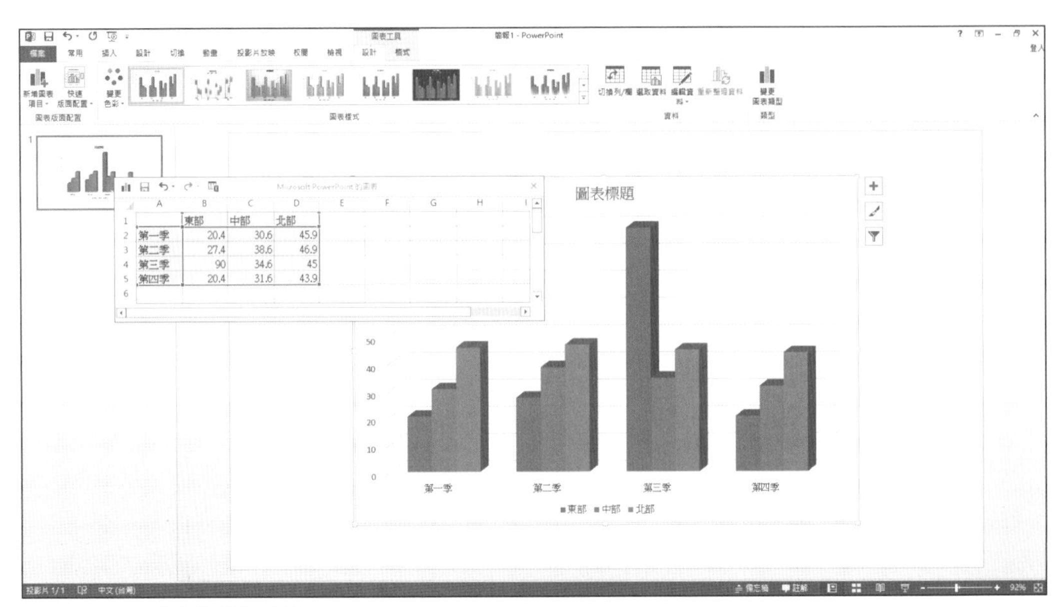

▲ PowerPoint 的圖表製作功能。

Ms Excel 和 Ms PowerPoint 都有製作圖表的功能，都是在工具列上按「插入」→「圖表」按鈕來製作圖表。以下主要以 Ms Excel 為例，説明如何製作各類型圖表。

25 製作圓形圖、折線圖和橫條圖

製作圓形圖

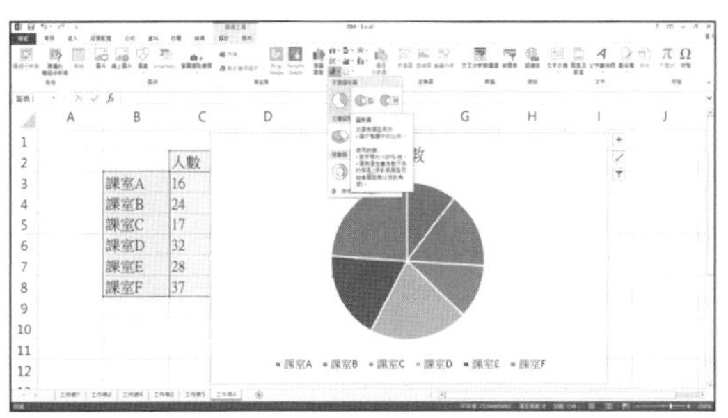

1. 打開一個已填寫數據的檔案，使用「插入」→「平面圓形圖」，就會出現一個預設的簡易圓形圖。

2. 要改變圓形圖的外觀和表達方式，可以到「圖表工具」→「設計」。

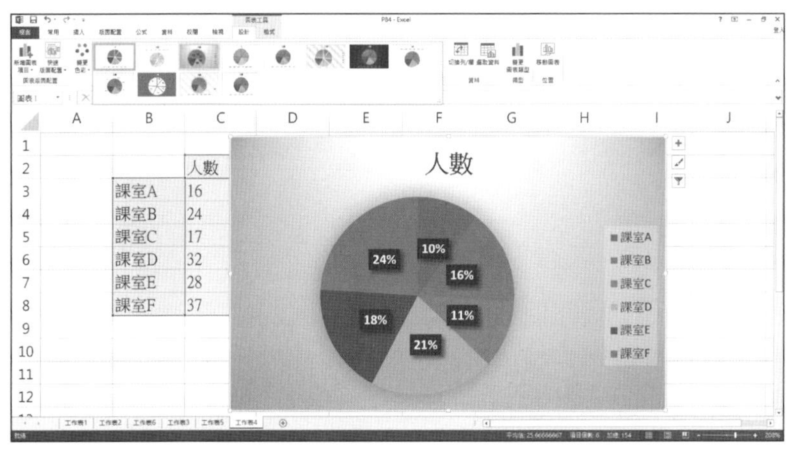

▲可以在這裏選擇不同的圖表樣式，除了外貌，也可為圓形圖加上百分比或其他指引。

▲也可以變更圓形圖的色彩。

若要製作折線圖或橫條圖，只需在插入圖表時選擇圖表類型的「折線圖」或「橫條圖」就可以。

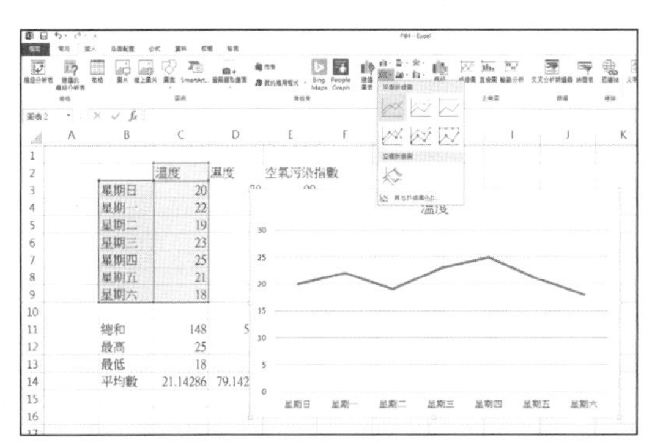

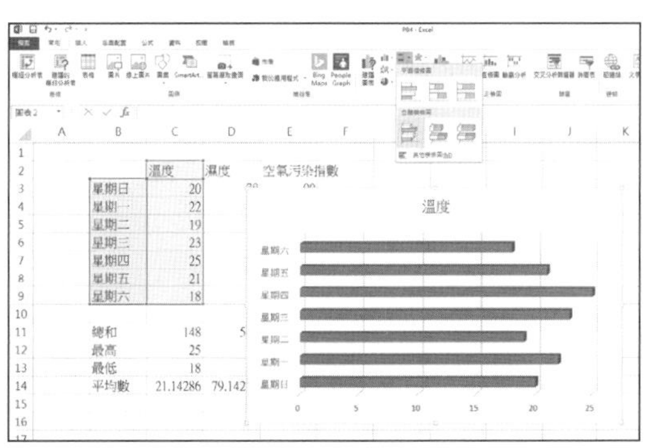

在統計圖表加圖例和標題

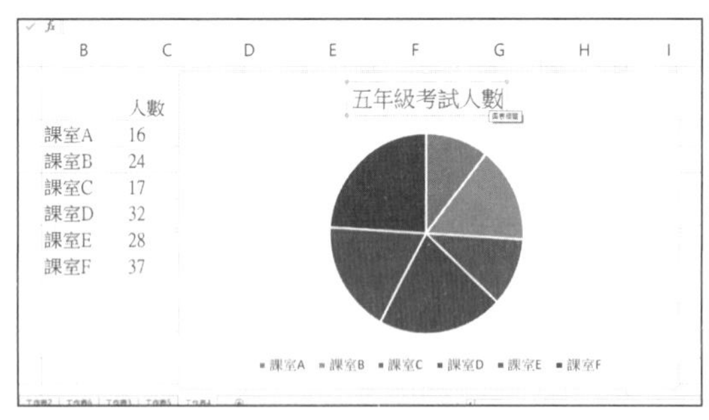

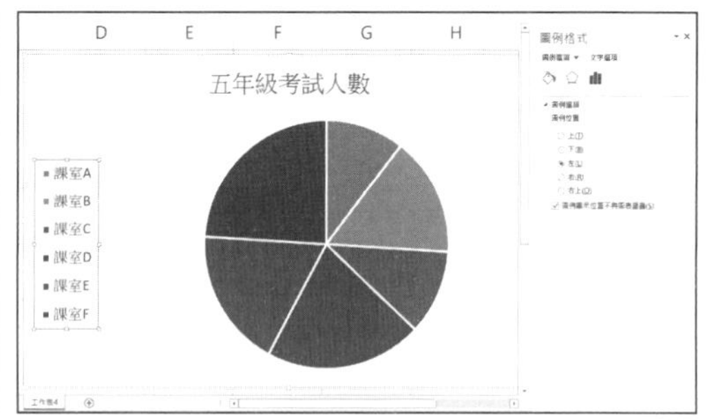

▲可以更改圖表的標題。

▲圖例的格式、位置等都可以改動。

練習 21

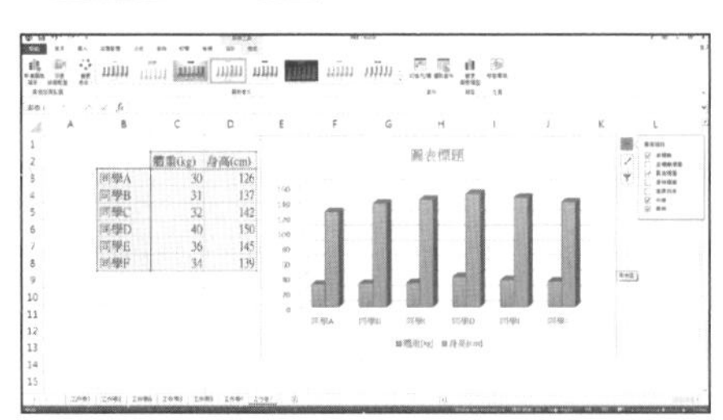

身高體重統計圖

試試搜集同學身高體重的數據，再用統計圖表表達。

小測22

學生成績統計

	A	B
1	學號	成績
2	1	78
3	2	23
4	3	84
5	4	52
6	5	35
7	6	20
8	7	26
9	8	39
10	9	54
11	10	50
12	11	13
13	12	34
14	13	57
15	14	67
16	15	78
17	16	14
18	17	55
19	18	69
20	19	87
21	20	50
22	21	78
23	22	74
24	23	51
25	24	14

▲排序前

	A	B	C
1	名次	學號	成績
11	10	17	55
12	11	9	54
13	12	4	52
14	13	23	51
15	14	10	50
16	15	20	50
17	16	8	39
18	17	5	35
19	18	12	34
20	19	7	26
21	20	2	23
26			
27			
28			
29			
30			

▲排序後

a. 左圖是學生成績統計表，如何用 Excel 計算期考成績的排行榜並列出第 10 到 20 名的名單呢？

b. 請將學生成績分為 5 類（<21, 21-40, 41-60, 61-80, >80），並用直條圖或圓形圖顯示成績分布情況。

Part 03
淺談人工智能
和電腦編程

Part 03 淺談人工智能和電腦編程

Target 8：人工智能

26 什麼是人工智能？

人工智能 (Artificial Intelligence, AI) ，是指電腦模擬人類思維過程或其他行為的能力。以這個定義，其實一開始的時候，電腦也是以這點為目標發展的，因此「人工智能」這個名詞在很早的年份已經出現。近年人工智能的範疇更為觸目，是因為隨着科技發展，人工智能已具備解決複雜問題的能力，而且還會自我學習和成長，即進入機器學習 (Machine Learning, ML) 的程度。

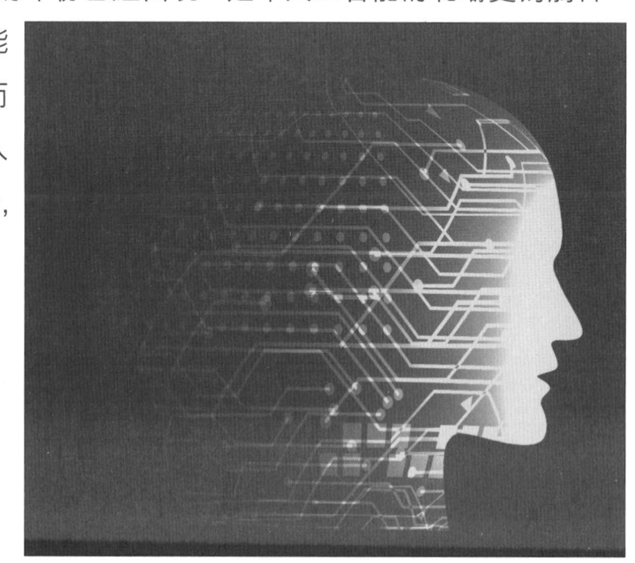

活動 23

搜尋「人工智能」

在 Google 上搜尋「人工智能」的定義，並嘗試找出最早出現 Artificial Intelligence 這個詞語的年份。

G 人工智能 - Google 搜尋 × +
google.com/search?ei=JP-QX9SRH82Vr7wP0aGk6Aw&q=人工智能&oq=人工智能&gs_lcp=C... 訪客
Google 人工智能
全部 圖片 新聞 影片 書籍 更多 設定 工具
約 149,000,000 項搜尋結果 (0.45 秒)

練習 24

「人工智能」v.s.「人類智能」

以下是日常生活中應用人工智能的例子，你能按現時情況，將之與人類智能作比較嗎？在選擇的☐中打☑。

例子	人類智能	人工智能
人臉識別	☐速度較快 ☐記憶較持久 ☐出錯率較高	☐速度較快 ☐記憶較持久 ☐出錯率較高
語音或手寫識別	☐速度較快 ☐出錯率較高 ☐改進能力較差	☐速度較快 ☐出錯率較高 ☐改進能力較差
聊天機器人	☐有感情 ☐回應較合理 ☐反應較慢	☐有感情 ☐回應較合理 ☐反應較慢
文字翻譯	☐譯文較通順 ☐需時較長 ☐出錯率較高	☐譯文較通順 ☐需時較長 ☐出錯率較高
無人駕駛	☐反應較快 ☐交通意外較少 ☐應付複雜路面能力較低	☐反應較快 ☐交通意外較少 ☐應付複雜路面能力較低
電腦智能斷症	☐反應較快 ☐出錯率較高 ☐斷症能力較低	☐反應較快 ☐出錯率較高 ☐斷症能力較低

27 人臉識別的原理

大多數的人臉識別過程有三個步驟：人臉檢測、特徵提取和人臉識別。

人臉檢測即先檢查一下目標是否真正的人臉，做法是先把圖像轉換為各種特徵，用演算法篩選後就可以忽略其他物件，例如建築物、樹木和身體等，以確認鏡頭前的圖像是不是真正的人臉。

特徵提取是指通過圖像拍攝和處理取得更多資料，但若只以眼睛、鼻子和嘴等面部特徵之間的幾何關係來識別人臉，出錯率就會很高，因此要運用人工智能的方法來解決，其中之一是用神經網絡進行識別的演算法，這類方法都需要較多的樣本進行機器學習和訓練，才能達到理想的效果。

最後是人臉識別步驟，做法是將人臉特徵資料與數據庫中已存在的所有圖像進行匹配，從而告訴你這個人是誰。比對的過程對電腦來説並不困難，難度在於建立一個齊全的人臉數據庫，若數據庫中的圖像質素、解像度高，比對的運算時間就可縮短。

活動 25

手機人臉識別解鎖

找一部有人臉識別功能的手機，按手機指示設為人臉識別解鎖，試以秒錶計算人臉識別的開機時間。

你知道為什麼手機只需這麼短的時間就可以完成人臉識別嗎？

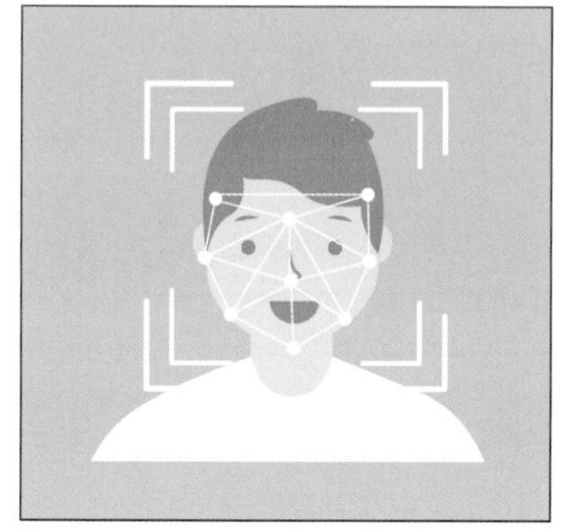

▶使用人臉識別解鎖前要先進行設定。

活動 26

以圖搜尋

除人臉識別外，你也可試試網上辨別物件或動植物的圖像比對系統，看看辨別能力如何，方法如下：

1. 預備搜尋用的圖片，可以是自己拍攝或從網上下載。

2. 進入網址：https://www.google.com/imghp?hl=CN，按搜尋框旁的相機圖樣 [相機圖示]。

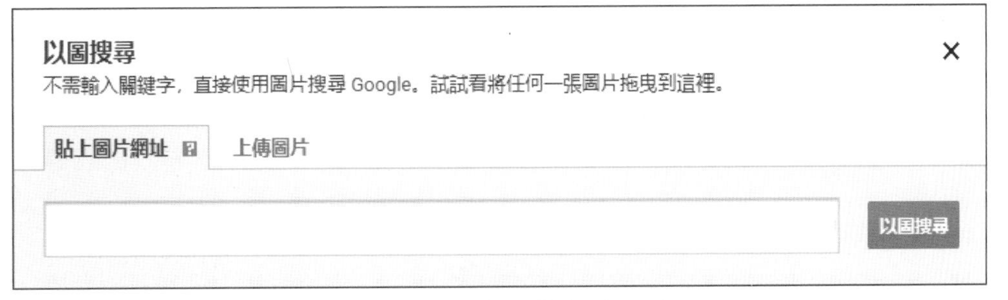

3. 再貼上圖片或上載圖片，用以圖搜尋的方法尋找。

4. 我們先試使用上載圖片的方法，按「選擇檔案」或將圖片拖曳到方格內，然後 Google 就會進行搜尋。

5. 上載預備好的貓咪圖片後，Google 搜尋辨別結果貓咪是「exotic shorthair(異國短毛貓)」，因為是自行拍攝的，網絡上沒有相同的照片。

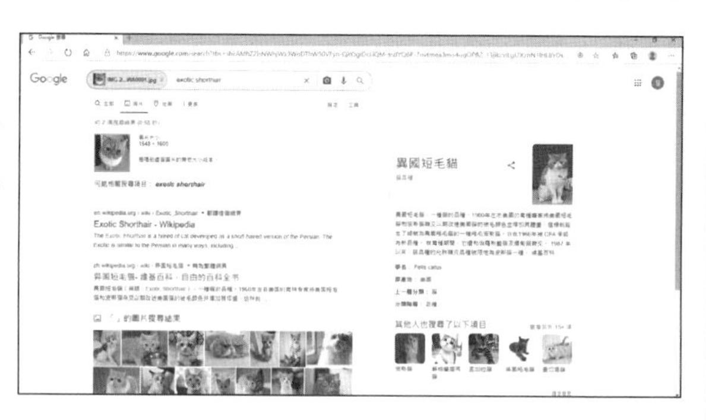

延伸活動

除人臉識別外，你也可試試網上辨別物件或動植物的圖像比對系統，看看辨別能力如何，方法如下：

1. 在 Google 搜尋到的貓咪圖片中，選擇一幅來複製它的連結，並貼上以圖搜尋。

2. 按「所有大小」尋找出現過這幅圖片的網站。

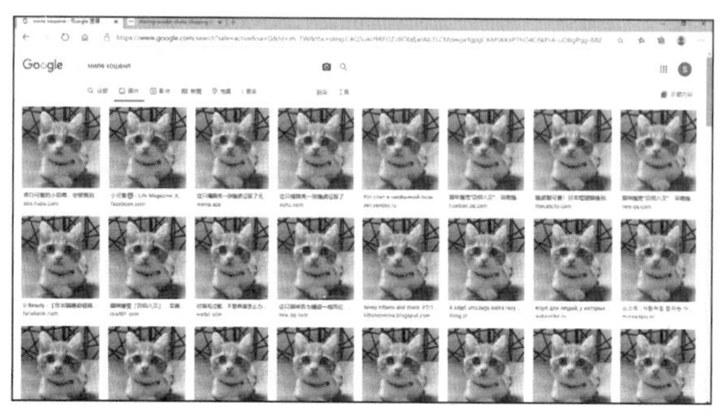

3. 看來網絡上有不少關於這幅圖的網站呢！

備註：在此活動中，網站 https://www.google.com/imghp?hl=CN 僅用於教學目的。

28 機器怎樣學習？

機器學習 (Machine Learning, ML) 是人工智能其中一個分支。像人能從經驗中學習一樣，我們不斷給電腦提供新的訓練數據，例如圍棋大師和對手的大量棋局，讓電腦從中尋找和改進演算方法，以產生更好的預測模型，告訴我們下一步要怎麼做，才能以最合適的方法解決問題。

練習 27

機器學習

Teachable Machine 網站可讓你體驗一下機器學習。不用登入網站就可直接做實驗，內有圖像分類、聲音判斷和姿勢檢測三種專案，建議由較容易的圖像分類開始實驗。

可於網上搜尋或自行拍攝兩種不同物件的相片，每種相片的數量愈多愈易得到明顯的試驗結果，然後按步驟上傳相片和進行訓練，以下是示範過程：

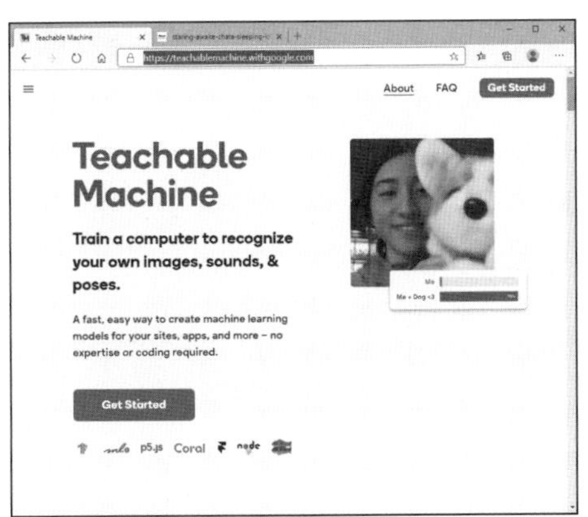

1. 進入網址：https://teachablemachine.withgoogle.com/

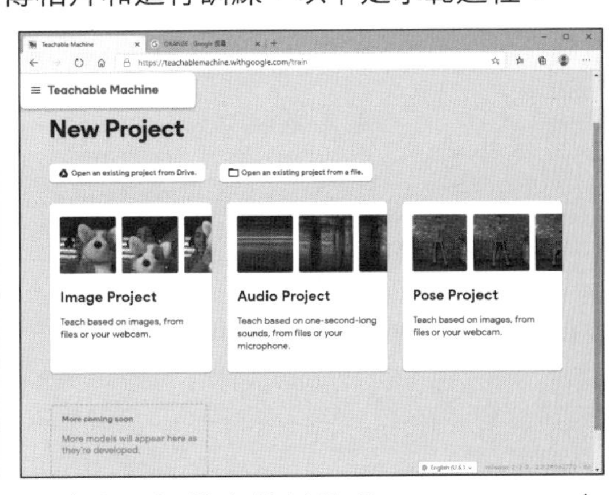

2. 這次選擇難度較低的「Image Project」來做測試吧。

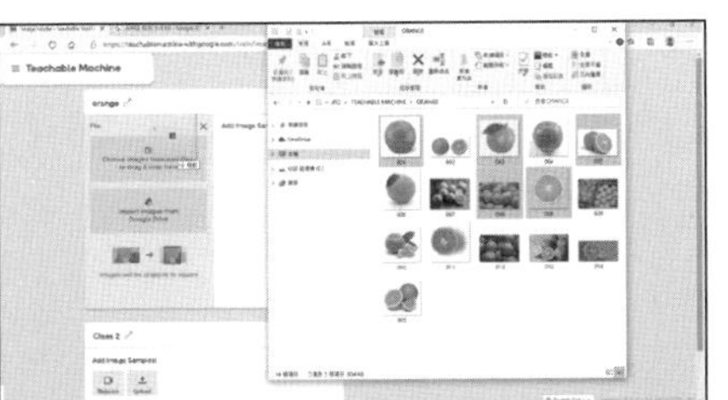

3. 上傳兩種動物或水果 (圖片可在 Google 搜尋及下載)，開始時先各上傳 5 張，按 upload 後可以直接把圖片從檔案資料夾拖曳至此。

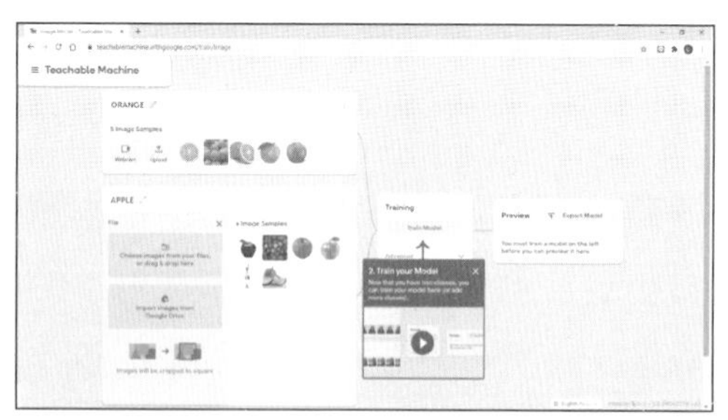

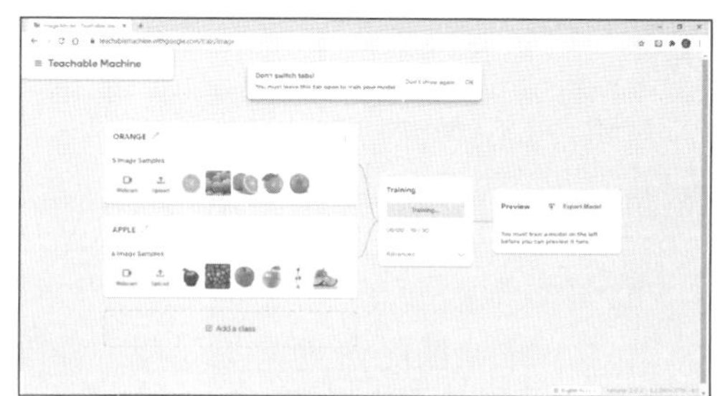

4. 完成後按「Train Model」，需要等待一段時間，待訓練完成。

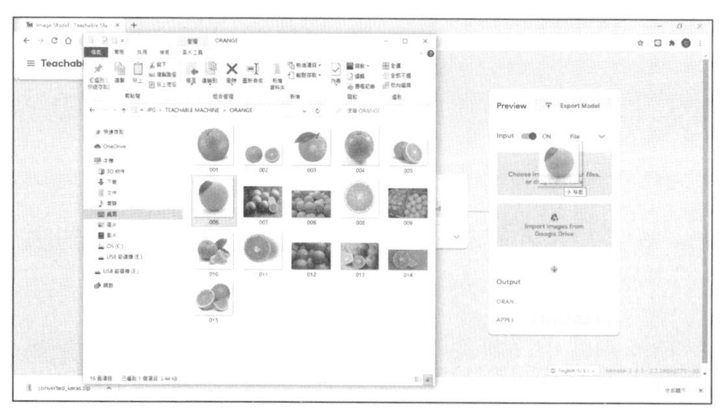

5. 之後就以不同的圖片測試模型了！先試一下這個橙吧！正確地辨認為 100% 橙！

6. 再試一下這個蘋果，能否辨認出來嗎？正確地辨認為 100% 蘋果！

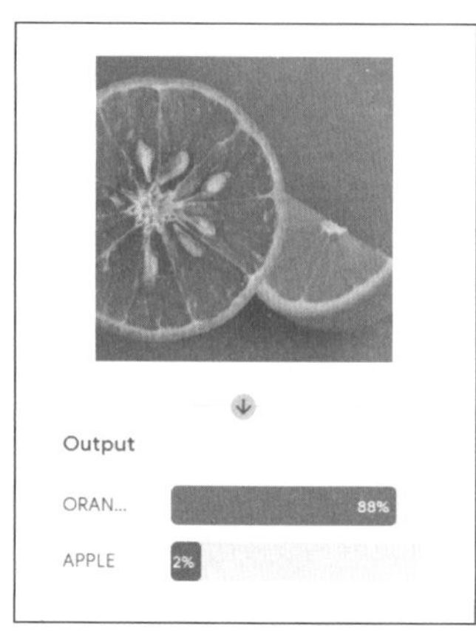

7. 試試別的圖片吧！這個切開了的橙辨認度為 88%，還不錯，但有沒有辦法提升準確率呢？

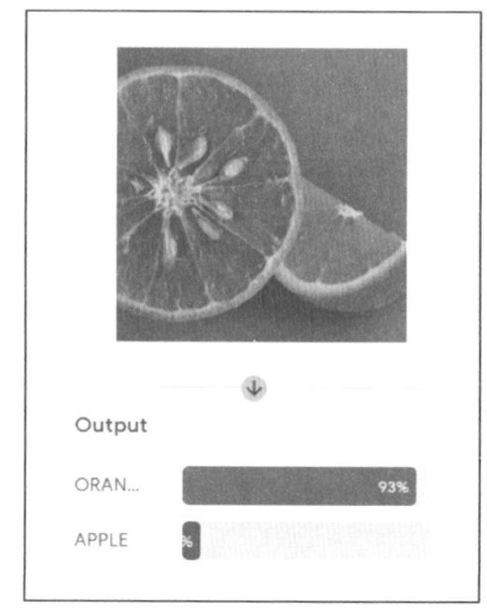

8. 再上傳另外 10-15 張照片並進行訓練，辨認率升至 93%，果然「學習後」有改善！

備註：在此活動中，網站「Teachable Machine」僅用於教學目的。

討論 28

機器學習的成果

為什麼有些時候無法清楚辨認得到這是橙還是蘋果呢？上傳更多照片後，試驗結果有改善嗎？

活動 29

開始塗鴉——Quick, Draw!

Quick, Draw! 是 Google 開發的一款網上遊戲，玩家按規定題目在 20 秒內塗鴉，然後由AI人工神經網絡猜測玩家畫了什麼，人工智能會從每張圖中學習，找出相似的圖片，理論上 AI 的猜測能力會不斷提升，你可上網試試。

▲ 網址：https://quickdraw.withgoogle.com

▲ AI 可以猜測玩家畫的圖案是什麼。

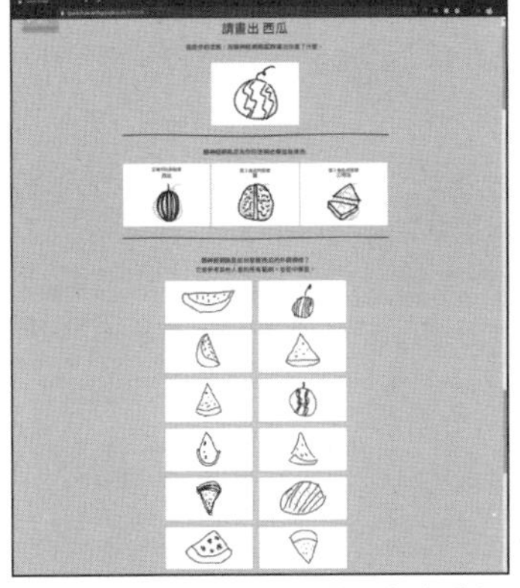

▲這是 Quick, Draw!「思考」的過程，當中牽涉到大量的樣本和數據，你的參與也是它寶貴的資料來源。

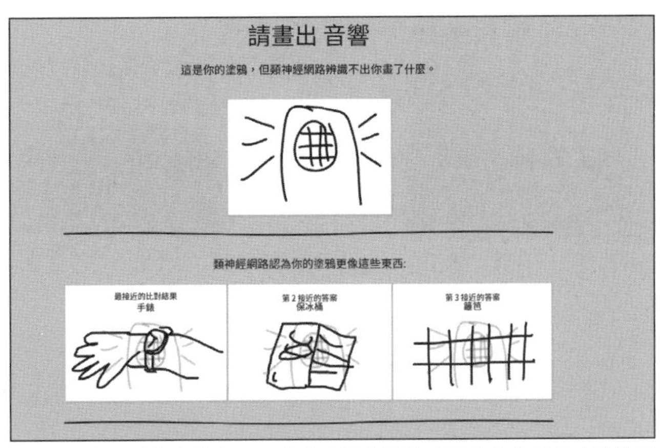

▲若 AI 猜不到你畫的東西，也會告訴你那件東西在它的印象中應該是怎樣的，讓你了解 AI 的辨識過程。

Part 03 淺談人工智能和電腦編程

29 運算思維

人類設計工具基本上都是用來解決問題的，電腦也不例外，略有不同的是，電腦可用以自動化快速重複解決同一個問題，要做到這點，我們先要進行以下步驟：

1. 拆解任務 (Decomposition)：將要做的任務目標或問題拆解成多個步驟。例如目的是上學校，可能會拆解成：背上書包 > 走出門口 > 上巴士 > 付車資 > 下車 > 進入校門口。

2. 找出規律 (Pattern Recognition)：找出問題的規律，過去是怎樣重複發生的？以上學做例子，就是在周一到周五都重複以上步驟，但每到周末或假期就不用上學，如此這般就會建立起一套模式。

3. 歸納和提煉 (Pattern Generalization and Abstraction)：審視解決問題的細節，找出重要的原則或因素，忽略不重要的資訊。例如上學這件事，想清楚一點，若走出門口時發現正在下雨，就要回去拿傘，然後再繼續上學。

4. 設計演算法 (Algorithm Design)：問題的細節都考慮好了，就能設計出解決問題的指令流程，然後重複執行就可以了。

以上就是「運算思維」(Computational Thinking) 的 4 個步驟。經過以上步驟，對於「上學」這件事我們就可以設計出右方的程式流程：

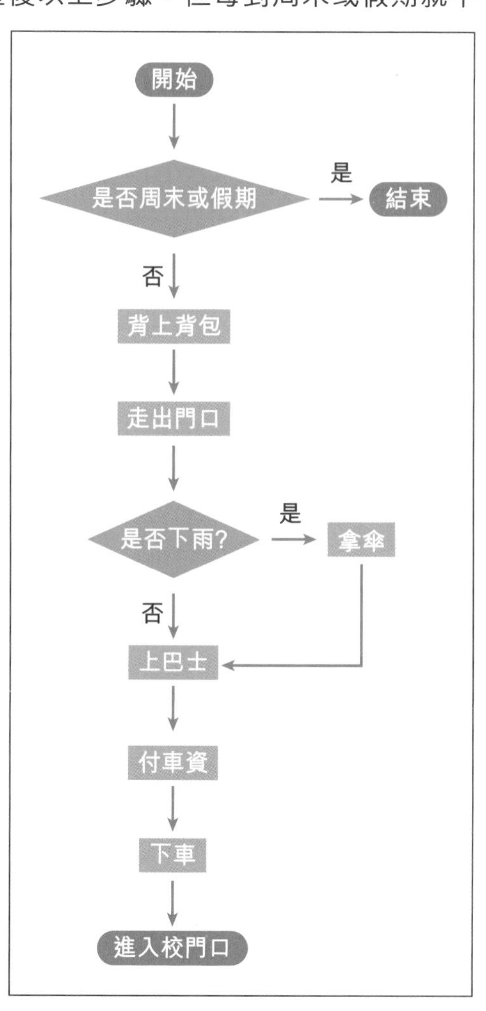

討論 30

運算和計算

在中文裡，電腦也會被稱為計算機，運算和計算兩個詞也常被混用，但英文裡 Compute 和 Calculate 是有不同字義的，你能上網找出兩者之間的分別嗎？

30 輸入—處理—輸出 (Input-Process-Output)

將以上「上學」的流程以指令集合起來就可以編成程序 (Program)，程序可用來指示電腦執行特定的工作。現時有多種編寫程序的方法，即有許多程式編寫語言 (Programming language)，例如 Java, C, C++, Scratch, Pascal 等等。

程序是用來指示電腦處理工作，在開始處理工作之前，我們要輸入一些原始數據，經程序處理之後會輸出結果，這就是「輸入—處理—輸出」的基本概念。舉例來說，情況如下：

1. 準備一張相片，這就是要輸入的原始數據。

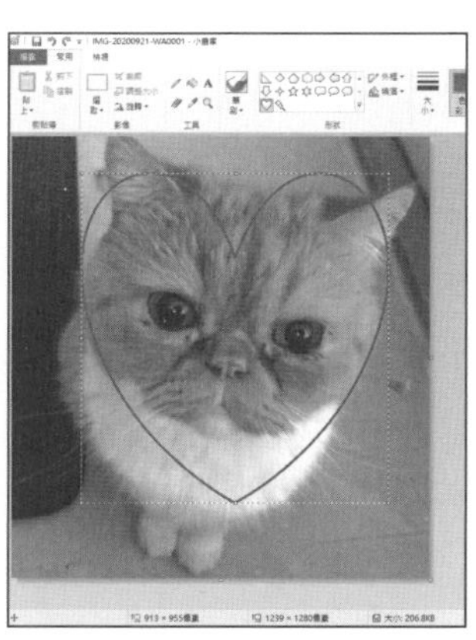

2. 把相片讀入到小畫家，小畫家就是已編好的程序。要處理的工作是將相片加上心形圖

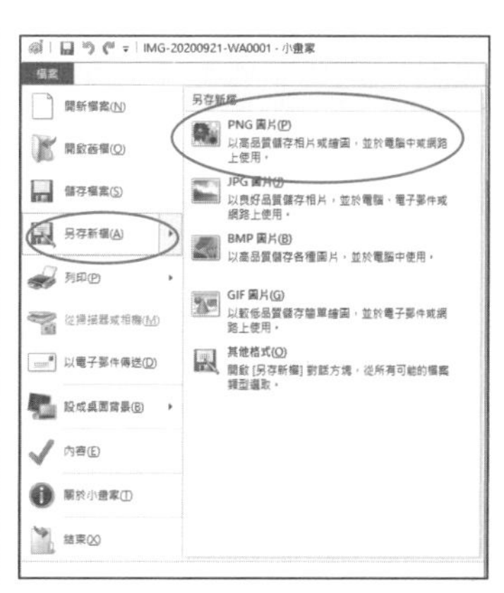

3. 將加上心形圖案的相片另存成新檔案，這就是輸出。

討論 31

生活中的輸入處理輸出

日常生活中不少包含了「輸入—處理—輸出」的概念，你可以想出一個嗎？

31 透過 Scratch 學習電腦編程

大部分的編程語言都需要長時間的學習才能掌握，但由麻省理工學院開發的 Scratch 程式語言，使用起來有點像組合積木，讓小學生也可以用來創造動畫或遊戲，並從中學習電腦編程的基礎。而用於 mBot 機器人控制和 AI 應用程式開發的 mBlock 也是建基於 Scratch 的圖像編程工具。

▲ mBot 編程教學機械人是讓小朋友學習簡單編程及機械人入門的好幫手，可配合 Scratch 或 mBlock 來完成操作指令。

Scratch 可以直接在瀏覽器中使用，網址是：https://scratch.mit.edu/；也可以下載 (https://scratch.mit.edu/download) 到電腦中離線使用。Scratch 的網站上有不少其他人的作品，非常有趣，不妨自己嘗試前瀏覽一下別人的作品汲取經驗吧！

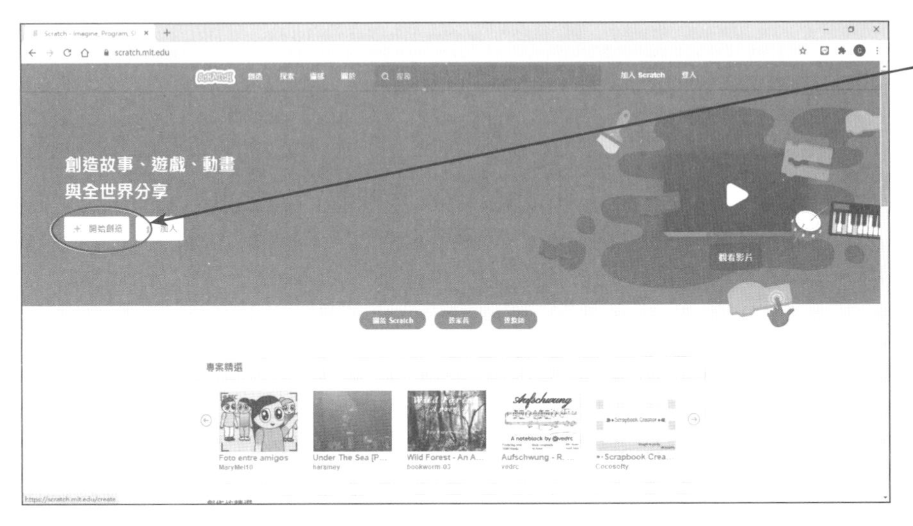

按此先開啟新專案。

一進入 Scratch 新專案，首先會到達教學畫面，當中的短片教程簡述了 Scratch 的使用方法。

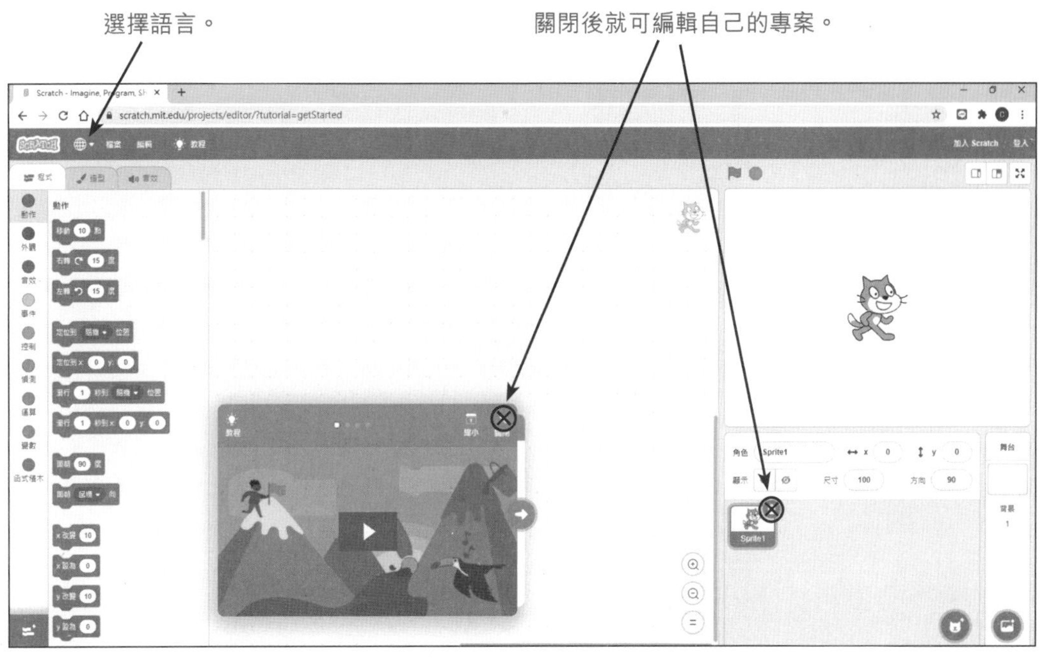

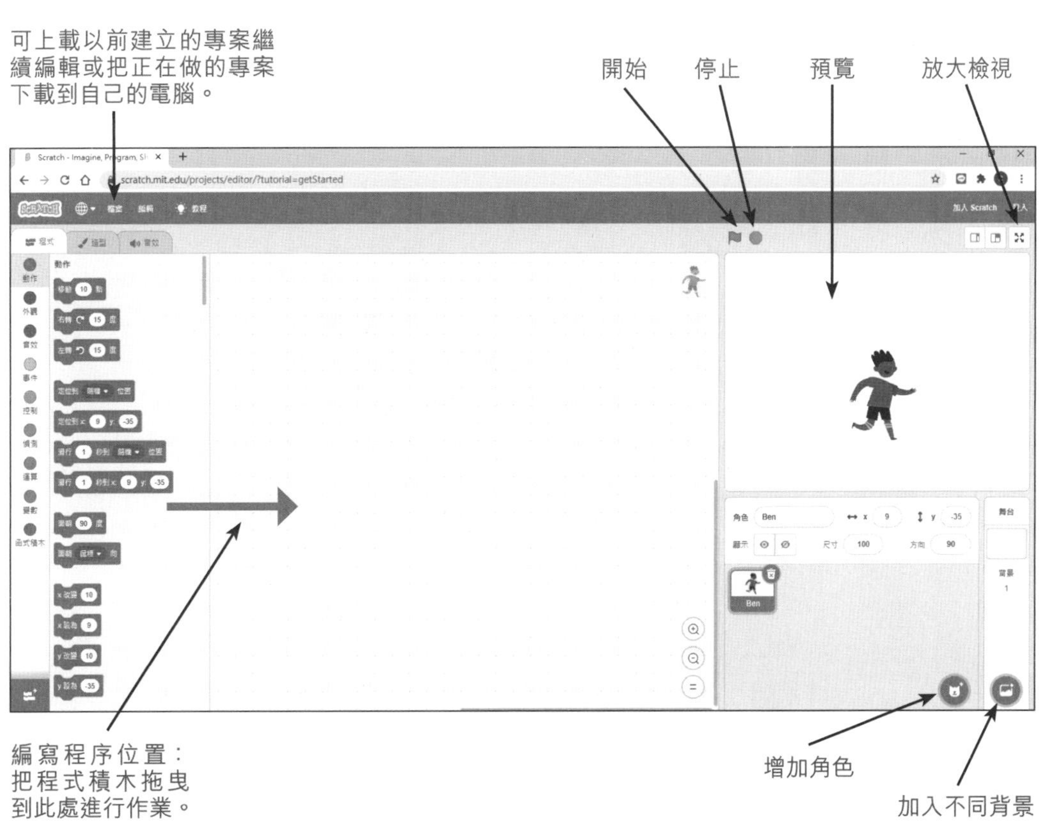

Part 03 淺談人工智能和電腦編程

Scratch 提供的程式積木模塊，可以為動畫 / 小遊戲設定動作、運算及變數等不同的指令，這個部分其實就是電腦編程。

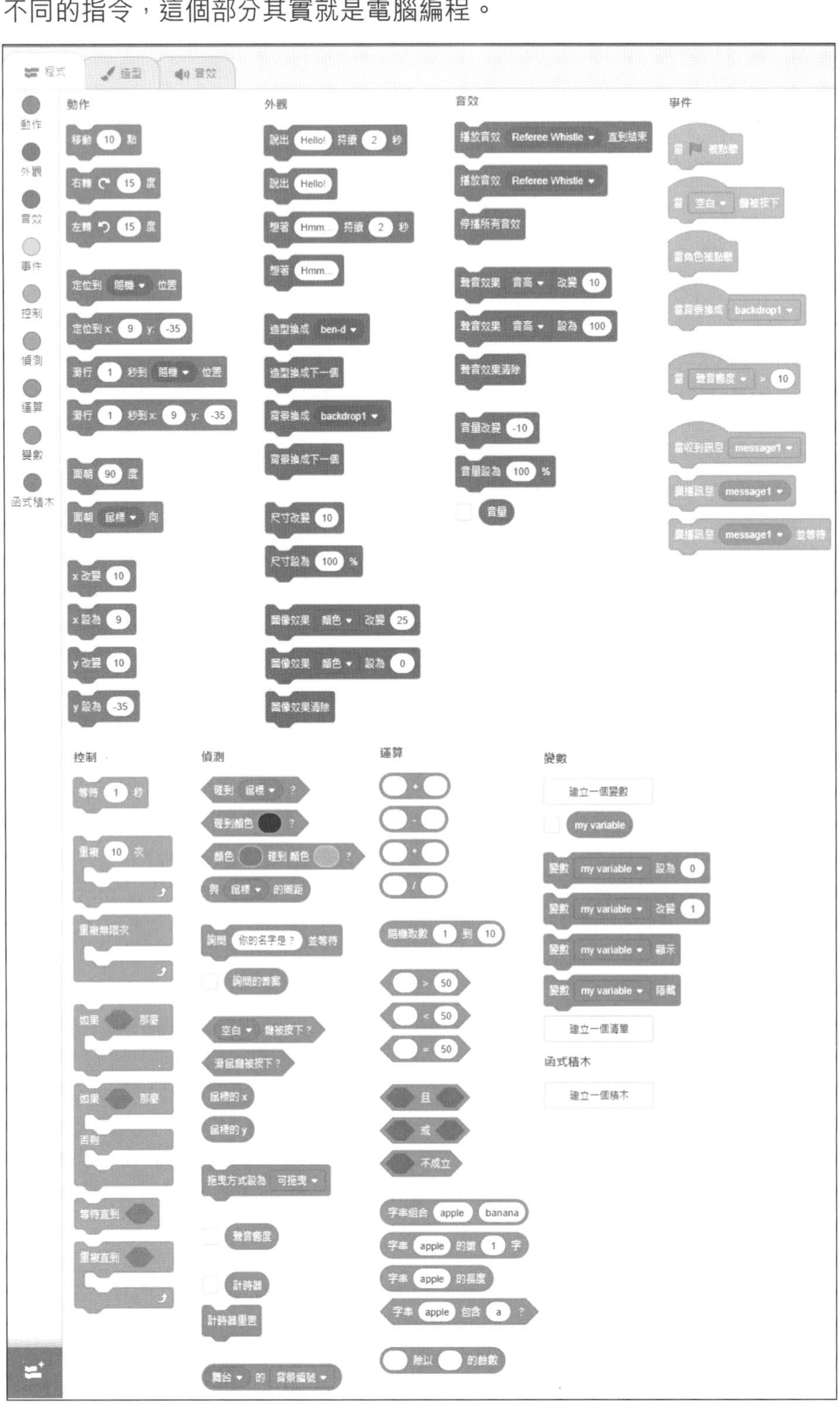

▲專案的角色、背景外貌都可做部分的改動，以切合作品的用途。

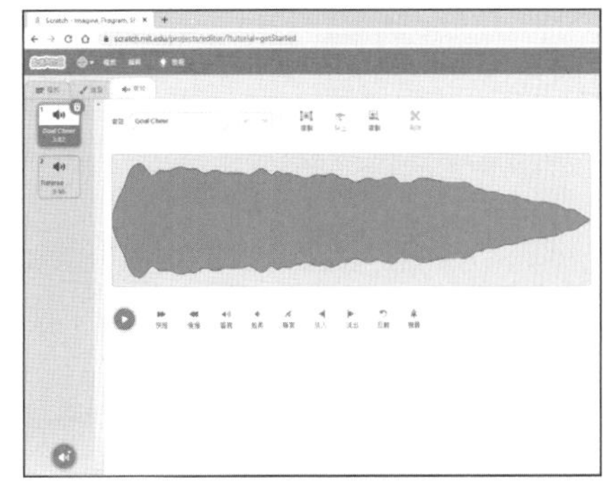

▲也可以加上聲效、背景音效等等。

活動 32

用 Scratch 做動畫

以下我們就來嘗試用 Scratch 做一個簡單的動畫。

步驟：

1. 建立新專案。
2. 思考動畫內容：編寫指令前需要先決定動畫的內容，角色會做什麼動作。我們這次讓角色跑起來吧！

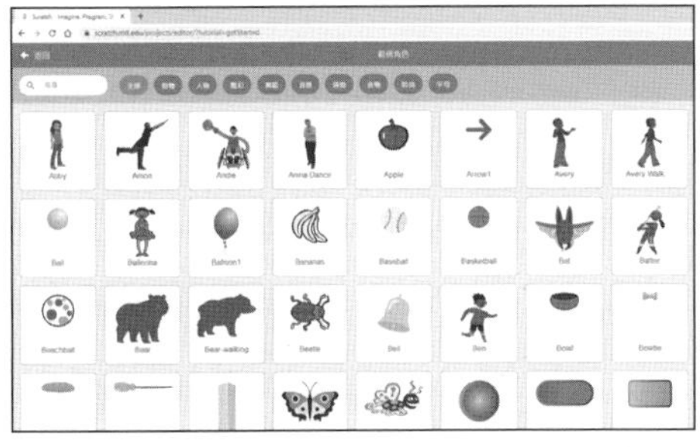

3. 選擇動畫角色：這次選擇看來很會跑步的運動員 Ben。

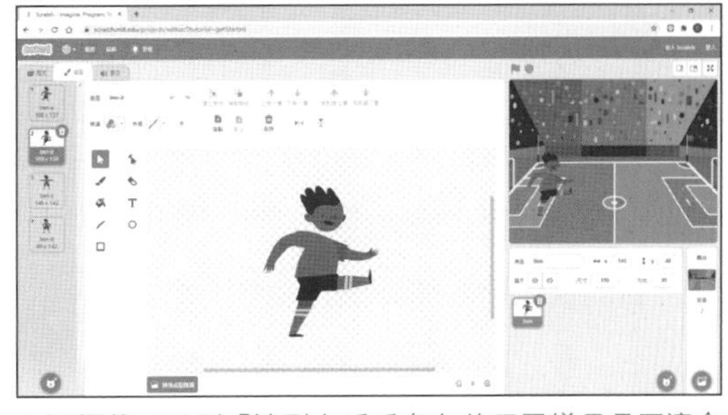

▲選擇後可以到「造型」看看角色的不同樣子是否適合使用。

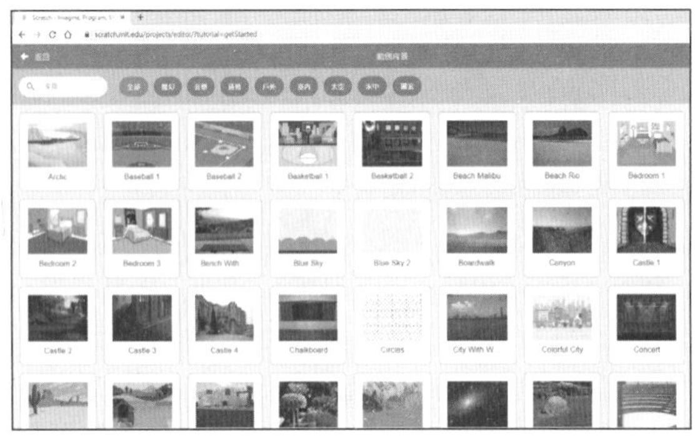

4. 選擇動畫背景：讓 Ben 在球場上馳騁吧！

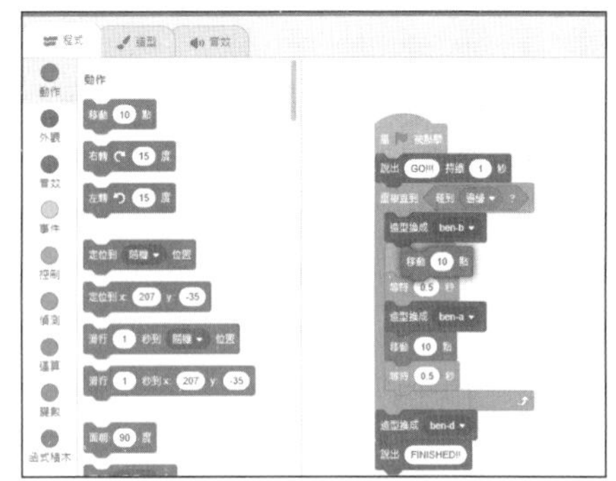

5. 然後就可以開始編寫，把積木模塊拖曳到空白位置，或不同指令中間即可。

以下解構一下如何能用Scratch做個小動畫：

指令：

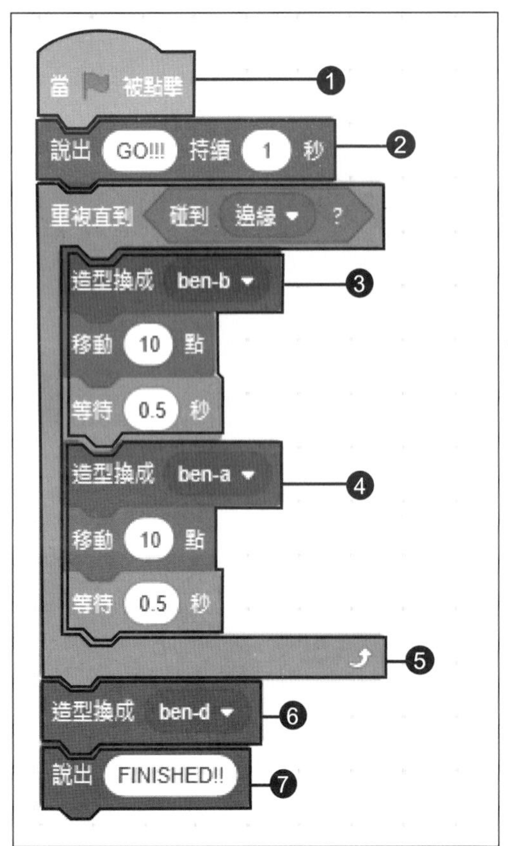

▲按下開始鍵後角色才開始活動，亦即是程式開始運作。

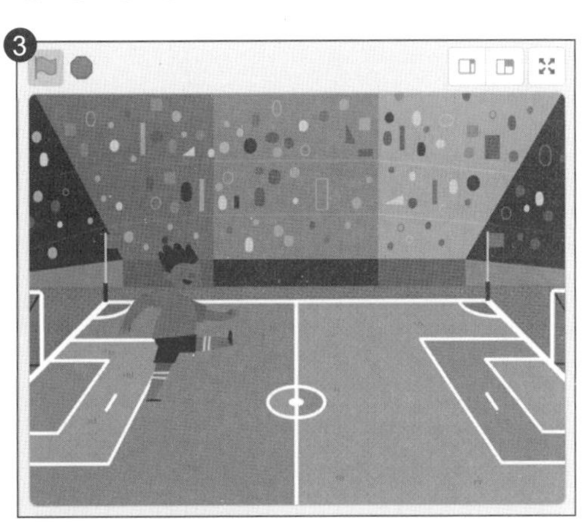

▲由於是跑步動作，要包含動作變化及向前前進的指令。

▲造型換成另一隻腳踏地，做出跑步的樣子。

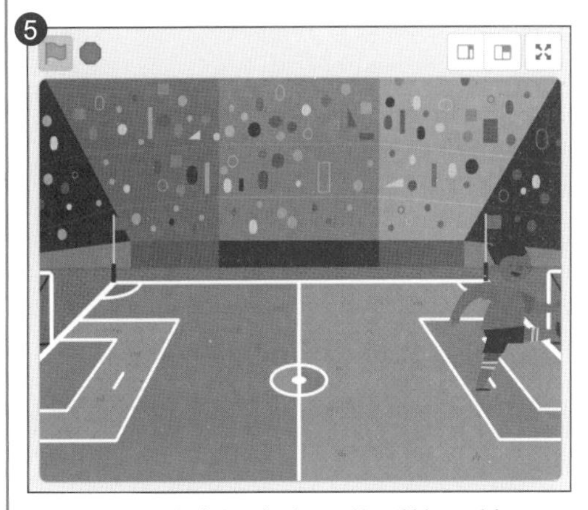

▲上述的動作設定為不停重複，就可以看到 Ben 正在跑步了，那麼他需要何時停下來？可以設定為滑鼠碰到他時或者他已經到邊緣時。

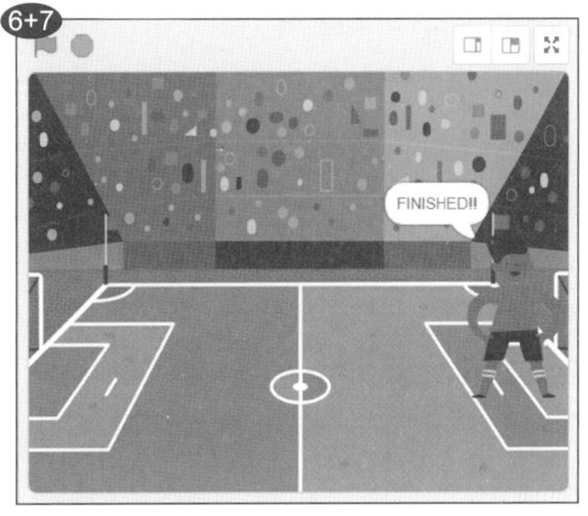

▲當完成跑步後，Ben 馬上改變造型宣佈「Finished ！」。

現在按開始在預覽窗口檢視成果：Ben 可以成功由左邊跑到右邊嗎？

試試看：

你還有其他靈感嗎？不妨自己試一試，跟着以上步驟做一個新的動畫吧！記得要做齊以下各項才能成功製作動畫喔！

- ☞ 如何開始程式
- ☞ 為角色加上動作
- ☞ 設定動作的次數或時長
- ☞ 如何結束程式

活動 33

用 Scratch 做遊戲

成功做到動畫後，不如提升一下難度吧！我們現在嘗試用 Scratch 做一個小遊戲。

步驟：

1. 建立新專案。
2. 思考遊戲內容及玩法：編寫指令前需要先決定遊戲的內容，例如是遊戲時長、如何得分、使用什麼鍵來玩、如何控制角色等等。我們這次要做的遊戲是一個簡單的「碰碰遊戲」，在 60 秒內控制角色移動，碰到物件後得分。
3. 選擇遊戲角色：由於只有一個角色無法成為遊戲，這次選擇了翼龍和 4 隻蛋為我們的遊戲角色。
4. 選擇動畫背景 。
5. 然後和製作動畫一樣可以把積木模塊拖曳到空白位置開始編寫了。

怎樣用 Scratch 做小遊戲：

1. 做小遊戲時牽涉到的部分較多，不再只是編程一個角色就夠了。首先，我們在舞台 (背景) 設定遊戲開始、時長和得分等指令。

翼龍

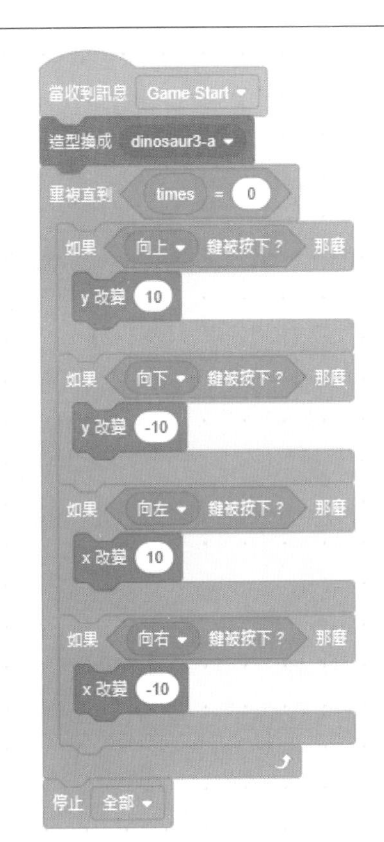

2. 然後就可以設定如何向前後左右移動角色(翼龍)的指令：X 軸是左右，Y 軸是上下，設定 XY 位置可用按鍵改變就可控制翼龍移動了。

蛋

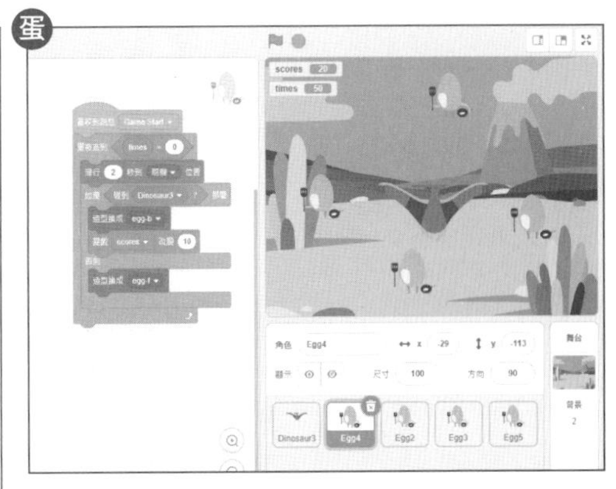

3. 是時候為另一個角色蛋編程了！遊戲的玩法是只要翼龍碰到蛋就能加 10 分，在「動作」程式就可設定蛋的移動，這次選擇隨機，增加難度。

▲當碰到翼龍後，造型換成破掉的蛋的樣子。

4. 當完成一個蛋的編程後，可直接複製使用。

5. 現在按開始在預覽窗口檢視成果：翼龍能成功打破蛋飽吃一頓嗎？

參考答案

Part 1 互聯網和電子郵件

練習 01（沒有答案）

活動 02（沒有答案）

活動 03（沒有答案）

練習 04（沒有答案）

活動 05（沒有答案）

練習 06

步驟：

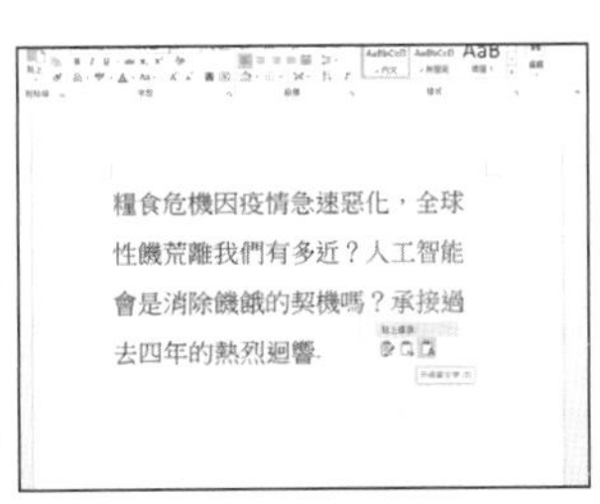

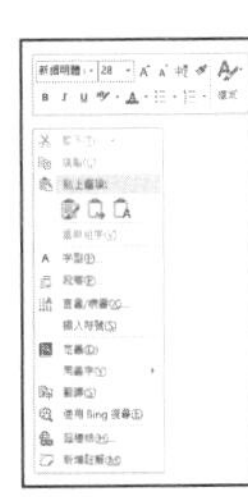

活動 07

可以用 Google 搜尋 (www.google.com) 輸入「中環去沙田」；

使用 Google Map(www.google.com.hk/maps) 搜尋路線，出發地為「中環」，目的地為「沙田」；

使用交通工具網站搜尋，如九巴網站 (https://search.kmb.hk/kmbwebsite/)，或者港鐵網站 (http://www.mtr.com.hk/)；

使用討論區，例如 Yahoo 知識 +(https://hk.answers.yahoo.com/) 向網友詢問。

練習 08（沒有答案）

小測 09

在 Google 網頁右上方的選單可以直接連結到以下的網站。

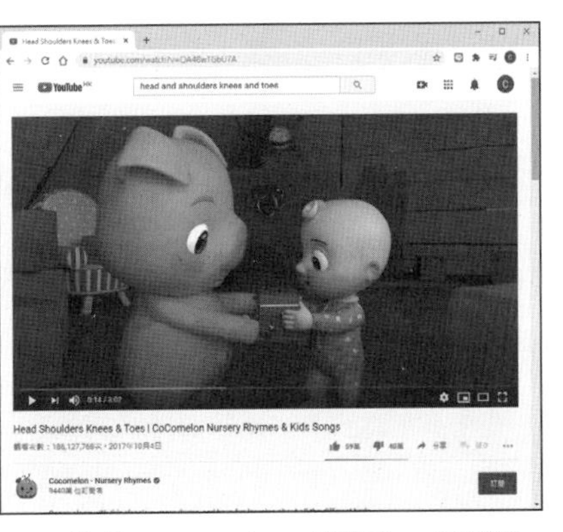

- 開啟「Youtube」，並觀賞一個視頻

參考答案

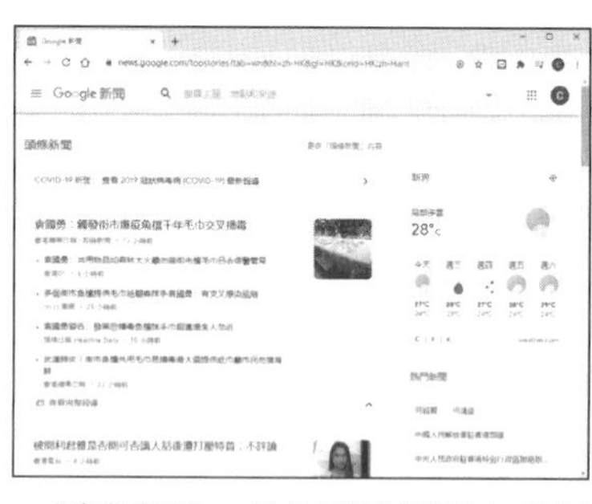

• 瀏覽新聞，並找到該新聞由哪個媒體發佈

• 使用「Google 翻譯」查找一個英文生字

• 使用「Google 地圖」找出由家裏去學校的交通方法

活動 10

進行視像通話的守則

1. 除非得到他人同意，否則切勿在視像通話時攝影、攝錄或錄音。
2. 留意攝像頭及麥克風有沒有在不在視像通話時開啟了，不使用時，可以把鏡頭蓋上。
3. 盡量不要在視像通話時提及敏感個人資料予他人。
4. 不要隨便和陌生人 (包括網友) 進行視像通話，以免洩露個人隱私，危及生命安全。
5. 使用視像通話功能上課時，學生可按老師要求將語音功能關閉，以免造成噪音滋擾。
6. 在視像通話前可以先將裝置充電，因視像會議耗電量甚高，電量充足可避免視像被突然中斷。
7. 開啟分享熒幕功能時，切記不要輸入重要的個人帳號及密碼。
8. 進行視像通話和面對面交流一樣，都需要保持真誠有禮的態度，以及儀容外貌的整潔得體。
9. 進行視像通話時應保持專注，不宜在電腦上開啟太多的視窗。

活動 11（沒有答案）

Part2 Excel 試算表和 PowerPoint 簡報應用入門

活動 12 記錄一星期的天氣情況；記錄體重、身高、年齡等；記錄和運算學業和運動成績；做時間表等。

練習 13（沒有答案）

練習 14 提示：使用「自動加總」按鈕的「平均值」及「加總」自動計算功能。

練習 15

以下為儲存格需鍵入的內容及其答案：

(1) + 32 + 19 = 51　(2) + 22 − 15 = 7　(3) + 17*6 = 102

(4) + 63 / 7 = 9　(5) + 51 + 71 = 122　(6) + 9 * 13 = 117

活動 16

提示：在工作表 A2-A10 單元格依次輸入 1-9，C2-K2 單元格依次輸入 1-9。乘數表中的數值都是行值乘以列值而得的，所以 Excel 單元格中的數值也是行值乘以列值，如 D4 的值為 D2 乘以 B3 的結果，其公式為：=D2*B3。另外，一個快捷的方法是在 C3，亦即是 1×1 的儲存格填入：「=COLUMN(A:A)*ROW(1:1)」，然後拖曳到其他空白儲存格，直至填滿整個乘數表

COUNTB... =COLUMN(A:A)*ROW(1:1)

	A	B	C	D	E	F	G	H	I	J	K
1											
2			1	2	3	4	5	6	7	8	9
3		1	=COLUMN(A:A)*ROW(1:1)			4	5	6	7	8	9
4		2	COLUMN([reference])		6	8	10	12	14	16	18
5		3	3	6	9	12	15	18	21	24	27
6		4	4	8	12	16	20	24	28	32	36
7		5	5	10	15	20	25	30	35	40	45
8		6	6	12	18	24	30	36	42	48	54
9		7	7	14	21	28	35	42	49	56	63
10		8	8	16	24	32	40	48	56	64	72
11		9	9	18	27	36	45	54	63	72	81
12											
13											
14											

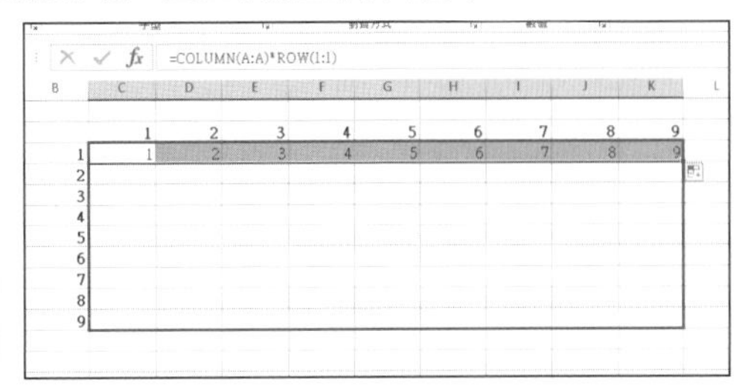

練習 17 提示：這些功能「自動加總」按鈕都提供。

小測 18

以下為儲存格需鍵入的內容及其答案：

1. ＋ 54 ＋ 32 ＝ 86

2. ＋ 43 － 19 ＝ 24

3. ＋ 24*8 ＝ 192

4. ＋ 64 / 4 ＝ 16

5. 可使用「自動加總」按鈕求出這些數值：23, 12, 54, 33, 76, 48 的

a) 最大值：76

b) 最小值：12

c) 平均值：41

d) 總和：246

B11 =SUM(B2:B7)

	A	B
1		數值
2		23
3		12
4		54
5		33
6		76
7		48
8	a) 最大值	76
9	b) 最小值	12
10	c) 平均值	41
11	d) 總和	246
12		

參考答案

活動 19（沒有答案）

練習 20（沒有答案）

練習 21（沒有答案）

小測 22

a.1. 輸入所有學生的成績

2. 進行由大至小的排序

3. 利用篩選列出第十到二十名的名單

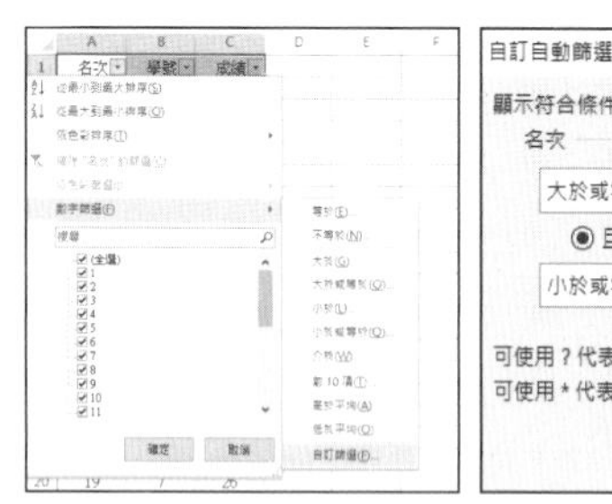

b. 提示：另外製作一個兩欄表格，一欄是 5 類成績，另一欄是每類成績的學生數，再選取兩欄資料，並套用圖表來製作直條圖或圓形圖

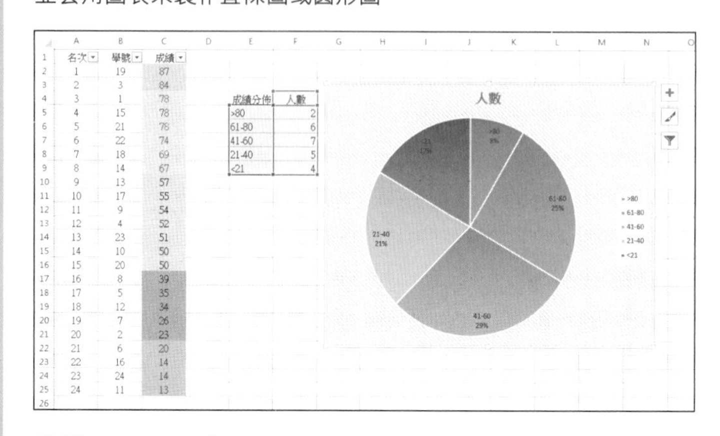

活動 23 1956 年

練習 24

例子	人類智能	人工智能
人臉識別	☑速度較快 ☐記憶較持久 ☐出錯率較高	☐速度較快 ☑記憶較持久 ☑出錯率較高
語音或手寫識別	☑速度較快 ☐出錯率較高 ☐改進能力較差	☐速度較快 ☑出錯率較高 ☑改進能力較差
聊天機器人	☑有感情 ☑回應較合理 ☑反應較慢	☐有感情 ☐回應較合理 ☐反應較慢
文字翻譯	☑譯文較通順 ☑需時較長 ☐出錯率較高	☐譯文較通順 ☐需時較長 ☑出錯率較高
無人駕駛	☐反應較快 ☐交通意外較少 ☐應付複雜路面能力較低	☑反應較快 ☑交通意外較少 ☑應付複雜路面能力較低
電腦智能斷症	☐反應較快 ☑出錯率較高 ☐斷症能力較低	☑反應較快 ☐出錯率較高 ☑斷症能力較低

（標準答案會隨科技發展而改變，有討論空間。）

活動 25

手機之所以只需這麼短的時間就可以完成人臉識別，原因是用戶事先提供了高質素的人臉圖像給手機，有良好的資料來源、面部特徵，就可以有滿意的功能。

活動 26（沒有答案）

活動 27（沒有答案）

討論 28

第一次上傳的數據量比電腦分析所需的少，因此上傳更多照片後，用以辨別的樣本數據增加了，試驗結果的準確度也就有所提升。

活動 29（沒有答案）

討論 30

只需搜尋「Difference between compute and calculate」就能找到各種解答，但因為兩者的分野頗多爭議，未有定案，這個問題宜用開放的態度看待。

討論 31

例子：電飯煲的輸入是米和水，輸出是白飯。

活動 32（沒有答案）

活動 33（沒有答案）

《香港小學生學電腦——圖解自學加練習（高小階段）》

編著：王曉影
版面設計：麥碧心
責任編輯：李卓蔚

出版：跨版生活圖書出版
地址：荃灣沙咀道 11-19 號達貿中心 211 室
電話：31535574　　傳真：31627223
專頁：http://www.facebook.com/crossborderbook
網站：http://www.crossborderbook.net
電郵：crossborderbook@yahoo.com.hk

發行：泛華發行代理有限公司
地址：香港新界將軍澳工業邨駿昌街 7 號星島新聞集團大廈
電話：2798-2220　　傳真：2796-5471
網頁：http://www.gccd.com.hk
電郵：gccd@singtaonewscorp.com

台灣總經銷：永盈出版行銷有限公司
地址：231 新北市新店區中正路 499 號 4 樓
電話：(02)2218 0701　　傳真：(02)2218 0704

印刷：鴻基印刷有限公司

出版日期：2020 年 12 月第 1 版
定價：HK$88　　NT$350
ISBN：978-988-75022-5-8

出版社法律顧問：勞潔儀律師行